〈改訂版〉　代々木ゼミナール

湯浅の 数学エクスプレス

III・C（平面上の曲線と複素数平面）

湯浅 弘一

JN113544

代々木ライブラリー

「はしがき」にかえて…

ようこそ！

『湯浅の数学エクスプレス III・C』

の世界へ。

高校時代数学が赤点だった私が今こうして数学を
教えている理由，それは

"数学で苦労するのは自分だけでいい"

ただそれだけでした。教える仕事に就いてからは，
"数学ができないのではなく，教えてもらってい
ないからできない気分になる"
とも感じました。理由がわかればできるはず。もちろん，
理由なく知識として知っておくべきこともありますが，知
らなくてできないのはしかたのないことです。入試で最悪
な事態とは，見たことがあるのにできないことなのです。

やれば必ずできるのが受験数学。 トータルで考え
た時，結果的に **解ければいい** のです。だからこの本は
解けるための本です。 それ以上でもそれ以下でもあり
ません。「わかる→できる」または「できる→わかる」
のどちらからでもいいです。目標はただ1つ。

解けること！

それではエクスプレスの発車です。お乗り遅れにご注
意ください。

(注)本書に「ベクトル」(数学C)は掲載されておりません。
『湯浅の数学エクスプレス I・A・II・B・C』をご覧く
ださい。

受験数学インストラクター　　　湯浅弘一(ゆあさひろかず)

◆◆── 本 書 の 利 用 法 ──◆◆

本書は，できそうでできないキミの…

苦手な個所を見つけることができます。

　この本は数学が苦手な初級者とそれ以外の中・上級者では使い方が異なります。以下にその効果的な使い方を示しますので参照して下さい。

　なお，各問題に明示された 難易度 は，一目盛ごとに「初級」，「やや中級」，「中級」，「ややハイレベル」，「ハイレベル」の5段階になっています。あくまで目安として使って下さい。

●初級者のキミ
(1)　解説末尾の **Point** を読んでから，問題に取り組んで下さい。 解答目安時間 程度考えても解けなかったら，解説をじっくり読んでまずは理解して下さい。
(2)　解けなかった問題は，時間をおいて**何度も繰り返し**トライして理解を深めて下さい。
(3)　最初は中級以下の問題のみを解くのもいいでしょう。

●中級者のキミ
(1)　まず 解答目安時間 内で解いて下さい。解けなかったりミスしたりした部分がキミの苦手な個所です。
(2)　解けなかったりミスしたりした個所は **Point** で確認して必ずリトライしてください。

●**上級者のキミ**

(1) 基本的には中級者と同じです。

(2) **最初から最後まで一回通して**解いて下さい。

(3) 入試直前期に解けなかった問題を集中的に再挑戦して下さい。

さあ，早速始めましょう！

「解ける」世界へとキミを超特急でお連れします。

目　　次

第1章　複素数平面

1. 極形式 /8
2. ド・モアブルの定理① /10
3. ド・モアブルの定理② /12
4. ド・モアブルの定理③ /14
5. 複素数と三角関数 /16
6. 複素数の計算 /18
7. 複素数平面と偏角 /20
8. 複素数の積と商 /22
9. 複素数と図形① /24
10. 複素数と図形② /26
11. 複素数平面上の軌跡① /29
12. 複素数平面上の軌跡② /30
13. 複素数平面上の軌跡③ /32
14. 複素数平面上の方程式 /34
15. 複素数平面上の回転 /36
16. 偏角の範囲 /39

第2章　分数関数・無理関数・2次曲線・極方程式

1. 分数不等式・逆関数 /42
2. 無理関数 /44
3. だ円①(横長) /47
4. だ円②(縦長) /48
5. だ円③(2焦点からの距離の和が一定) /49
6. だ円と直線① /50
7. だ円と直線② /52
8. だ円の面積 /54
9. だ円の円への変換 /56
10. 中点の軌跡 /59
11. 双曲線①(焦点) /62
12. 双曲線②(2定点からの距離の差が一定) /64
13. 双曲線と直線 /66
14. 極座標 /68
15. 極方程式から直交座標への変換 /70
16. 複素数平面と2次曲線 /71

第3章　極限

1. 三角関数の極限① /75
2. 三角関数の極限② /76
3. 不定形の極限 /78
4. $\lim\limits_{x\to\infty} f(x)$の値 /80
5. $\sum$の具体化による極限 /82
6. eの定義 /84
7. $\dfrac{0}{0}$型の極限 /86
8. $\dfrac{0}{0}$型の極限の応用 /88
9. $\infty - \infty$型の極限 /90
10. $\lim\limits_{\theta\to0}\dfrac{\sin\theta}{\theta}=1$ /92

II. 漸化式の極限 /94

第4章　無限級数

1. 分数数列の無限級数 /96　　2. 無限等比級数 /98

3. 無限等比級数の収束条件 /99　　4. 無限等比級数のグラフ /100

5. 差分の考え方 /102

6. 無限等比級数と解と係数の関係 /104

7. 三角関数と無限等比級数 /106

8. 階差数列と無限等比級数 /108

第5章　微分法

1. 微分の意味 /110　　2. 微分の計算 /112

3. 合成関数の微分 /113　　4. 変曲点 /114

5. 対数微分法 /116　　6. $\sin x$ の n 回微分 /118

7. n 回微分 /120　　8. 分数関数の微分 /122

9. 接線の公式 /123　　10. 無理関数のグラフ /124

11. 分数関数のグラフ /126　　12. 指数関数のグラフ /127

13. ロピタルの定理 /128

14. 増減表を 2 つのグラフから考える /130

15. y' の符号の見方 /132　　16. パラメーターのグラフ /134

17. 三角関数の不等式の証明 /136

18. 対数関数の不等式の証明 /137

19. 実数解の個数 /138　　20. $f'(x)$ の符号を考える /140

21. 置換した関数の最大・最小 /142

22. $f'(x)$ の符号の場合分け /144

23. 媒介変数による関数の接線 /147

24. 媒介変数表示された関数 /148

●微分公式早見表

第6章　積分法

1. 不定積分① $\left(\dfrac{f'(x)}{f(x)},\ 部分分数 \right)$ /152

2. 不定積分②(三角関数，指数関数)/154

3. 定積分①(三角関数)/155

4. 定積分②($\sqrt{\ }$ を含む式，三角関数の積)/156

5. 定積分③$\left(\displaystyle\int \dfrac{1}{a^2+x^2}dx\right)$型 /158

6. 半円の積分 /159　　　　　　7. 部分積分 /160

8. 瞬間部分積分①($\displaystyle\int$(整式)$\times e^x dx$ 型)/161

9. 瞬間部分積分②($\displaystyle\int$(整式)$\times$(三角関数)dx 型)/162

10. 減衰曲線の積分 /163

11. 分数関数の積分①(部分分数型1)/165

12. 部分関数の積分②(部分分数型2)/166

13. 置き換えの目安 /168　　　14. 置換積分の積分区間 /170

15. 絶対値を含む積分 /172　　16. 意味をとる積分 /174

17. 積分漸化式①(ウォリスの公式)/176

18. 積分漸化式②($\tan^n x$)/178

19. 区分求積法①(基本公式)/180

20. 区分求積法②(実用編)/182

21. 区分求積法③$\left(\dfrac{1}{n} \text{の位置}\right)$/184

22. 区分求積法④(応用)/186　　23. 積分を含む等式の積分 /188

24. 積分区間が定数の場合 /192　25. 積分方程式 /193

26. 融合型の積分方程式 /194　　27. 積分を含む等式 /196

28. 速度 /198　　　　　　　　28. 加速度 /200

●積分公式早見表

第7章　面積・体積・孤の長さ

1. 曲線上の接線で囲まれる面積 /204

2. 4次曲線の特定と面積 /206

3. 接線と面積 /208

4. 曲線と直線で囲まれた図形の面積①/210

5. 曲線と直線で囲まれた図形の面積② /212

6. 曲線と直線で囲まれた図形の面積③ /214

7. 曲線と直線で囲まれた図形の面積④ /216

8. 曲線と直線で囲まれた図形の面積⑤ /217

9. 曲線と直線で囲まれた図形の面積⑥ /218

10. 2曲線で囲まれる図形の面積 /220

11. 逆関数で囲まれる図形の面積 /222

12. 曲線と接線で囲まれた図形の面積 /225

13. ヨコ切りの面積 /228

14. 2曲線と y 軸で囲まれた図形の面積 /232

15. ロピタルの定理の利用 /234

16. 連立不等式をみたす領域の面積 /236

17. 瞬間部分積分 /238　　　　18. y 軸回転体 /241

19. x 軸回転体 /242

20. 媒介変数表示された関数の回転体 /245

21. 接線の傾きと直角三角形 /248　　22. 置換積分 /250

23. 円と曲線の領域の回転体の体積 /252

24. 物理量 /254　　　　　　25. 曲線の長さ・カテナリー /256

1-1　極形式

複素数 $\alpha = \dfrac{4i}{1-i}$ を極形式 $\alpha = r(\cos\theta + i\sin\theta)$

$(r>0,\ 0\leqq\theta<2\pi)$ で表すと，$\theta = \boxed{\ \ \text{ア}\ \ }$ である。複素数 α^n が実数になるような自然数 n のうち，最も小さいものは $n = \boxed{\ \ \text{イ}\ \ }$ である。このとき，$\alpha^n = \boxed{\ \ \text{ウ}\ \ }$ である。

解答目安時間　3分　　難易度 ▷▷▷▷▷

解 答

$\alpha = \dfrac{4i}{1-i}$

$= \dfrac{4i}{1-i}\cdot\dfrac{1+i}{1+i} = \dfrac{4i+4i^2}{1-i^2}$ 　$(\Leftarrow i^2 = -1)$

$= \dfrac{4i-4}{2} = -2+2i$

$= 2\sqrt{2}\left(-\dfrac{1}{\sqrt{2}} + \dfrac{i}{\sqrt{2}}\right)$

$= 2\sqrt{2}\left(\cos\dfrac{3}{4}\pi + i\sin\dfrac{3}{4}\pi\right)$

したがって，$\theta = \dfrac{\mathbf{3}}{\mathbf{4}}\pi$ 答

$\alpha = -2+2i = 2(-1+i)$ より，

$\alpha^2 = 2^2(-1+i)^2 = -8i$

$\alpha^4 = (-8)^2i^2 = -64$

　　よって，α^n が実数になるような自然数 n のうち，最も小さいものは $n=4$　**答**

別解

　　ド・モアブルの定理 (p.10) を用いると，

$$\alpha^n = (2\sqrt{2})^n \left(\cos\frac{3}{4}n\pi + i\sin\frac{3}{4}n\pi \right)$$

これが実数となるのは

$$\sin\frac{3}{4}n\pi = 0$$

のときで，最小の自然数 n は $n=4$

　　このとき，$\alpha^4 = -64$

Point

▶ 極形式

$$z = r(\cos\theta + i\sin\theta),$$
$$r > 0$$
$z = a + bi$ のとき
$$r = \sqrt{a^2 + b^2}$$
$$a = r\cos\theta, \quad b = r\sin\theta$$

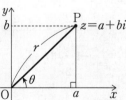

$z=\dfrac{-1+\sqrt{3}\,i}{2}$ のとき z^{13}, z^{14} の値を求めよ。

解答目安時間 2分 難易度

解 答

$$z=\frac{-1+\sqrt{3}\,i}{2}$$

$$=\cos\frac{2}{3}\pi+i\sin\frac{2}{3}\pi$$

ド・モアブルの定理から,

$$z^{13}=\left(\cos\frac{2}{3}\pi+i\sin\frac{2}{3}\pi\right)^{13}$$

$$=\cos\frac{2}{3}\pi\cdot13+i\sin\frac{2}{3}\pi\cdot13$$

$$=\cos\frac{26}{3}\pi+i\sin\frac{26}{3}\pi$$

$\quad\dfrac{26}{3}\pi=2\pi\cdot4+\dfrac{2}{3}\pi$

$$=\cos\frac{2}{3}\pi+i\sin\frac{2}{3}\pi$$

$$=\frac{-1+\sqrt{3}\,i}{2}\ \ (=z)\quad \text{答}$$

上式より,

$$z^{14}=z^{13}\cdot z=z\cdot z=z^2$$

$$=\left(\cos\frac{2}{3}\pi+i\sin\frac{2}{3}\pi\right)^2=\cos\frac{2}{3}\pi\cdot2+i\sin\frac{2}{3}\pi\cdot2$$

$$=\frac{-1-\sqrt{3}\,i}{2}\quad \text{答}$$

《注》 $z=\cos\dfrac{2}{3}\pi+i\sin\dfrac{2}{3}\pi$ は，ド・モアブルの定理より，

$z^3=\cos2\pi+i\sin2\pi=1$

よって，$z^{13}=z^{12}\cdot z=z$，$z^{14}=z^{12}\cdot z^2=z^2$ と表すことができる。

Point

▶ ド・モアブルの定理①

$z=r(\cos\theta+i\sin\theta)$（極形式）

で表されるとき

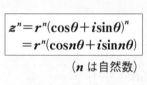

$$z^n=r^n(\cos\theta+i\sin\theta)^n$$
$$=r^n(\cos n\theta+i\sin n\theta)$$

（n は自然数）

となる。

これを「ド・モアブルの定理」といい，これを利用して

$z=\cos\dfrac{2\pi}{n}+i\sin\dfrac{2\pi}{n}$ の形のとき

$z^n=\cos2\pi+i\sin2\pi=1$ を用いると計算量が手短かになることが多い。

$z=1-\sqrt{3}i$ のとき z^2, z^{-5} の値を求めよ。

解答目安時間 2分　　難易度 ▶▶▷▷▷

解　答

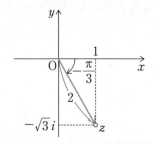

$z=1-\sqrt{3}i$

$\quad = 2\left(\cos\left(-\dfrac{\pi}{3}\right) + i\sin\left(-\dfrac{\pi}{3}\right)\right)$

と書けるので，

$z^2 = 2^2\left(\cos\left(-\dfrac{\pi}{3}\right) + i\sin\left(-\dfrac{\pi}{3}\right)\right)^2$

$\quad = 4\left(\cos\left(-\dfrac{2}{3}\pi\right) + i\sin\left(-\dfrac{2\pi}{3}\right)\right)$

$\quad = 4\left(-\dfrac{1}{2} - \dfrac{\sqrt{3}}{2}i\right) = \boldsymbol{-2 - 2\sqrt{3}i}$ 　答

$z^{-5} = 2^{-5}\left(\cos\left(-\dfrac{\pi}{3}\right) + i\sin\left(-\dfrac{\pi}{3}\right)\right)^{-5}$

$\quad = \dfrac{1}{32}\left(\cos\dfrac{5\pi}{3} + i\sin\dfrac{5\pi}{3}\right)$ 　　$\left(-\dfrac{\pi}{3}\times(-5) = \dfrac{5}{3}\pi\right)$

$$= \frac{1}{32}\left(\frac{1}{2} - \frac{\sqrt{3}}{2}i\right) = \frac{1-\sqrt{3}\,i}{64} \quad \boxed{答}$$

《注》 $z^6 = 2^6(\cos(-2\pi) + i\sin(-2\pi)) = 2^6 = 64$ なので

$z^{-5} = \dfrac{1}{z^5} = \dfrac{z}{z^6} = \dfrac{1-\sqrt{3}\,i}{64}$ と計算すると手早い。

Point

▶ ド・モアブルの定理②

$z = r(\cos\theta + i\sin\theta)$ のとき

$$z^{-n} = r^{-n}(\cos\theta + i\sin\theta)^{-n}$$
$$= \frac{1}{r^n}(\cos(-n\theta) + i\sin(-n\theta))$$

（n は自然数）

1-4 ド・モアブルの定理③

虚数単位を i とする。

(1) 複素数 $-64i$ を極形式で表せ。

(2) 方程式 $z^3 = -64i$ を満たす複素数 z をすべて求めよ。

解答目安時間 3分 難易度 ▶▶▷▷▷

解答

(1) $-64i = 64(-i)$

$$= 64\left(\cos\frac{3}{2}\pi + i\sin\frac{3}{2}\pi\right)$$ 答

(2) $z = r(\cos\theta + i\sin\theta)$ とおく。$(0 \leq \theta < 2\pi)$

ド・モアブルの定理より，

$$z^3 = r^3(\cos3\theta + i\sin3\theta)$$

よって，$r^3(\cos3\theta + i\sin3\theta) = 64\left(\cos\frac{3}{2}\pi + i\sin\frac{3}{2}\pi\right)$

ゆえに，$r^3 = 64$, $3\theta = \frac{3}{2}\pi + 2k\pi$ （k は整数）

$r > 0$, $0 \leq 3\theta < 6\pi$ より，

$r = 4$, $k = 0, 1, 2$

$$\theta = \frac{\pi}{2}, \ \frac{\pi}{2} + \frac{2}{3}\pi, \ \frac{\pi}{2} + \frac{4}{3}\pi$$

$$\theta = \frac{\pi}{2}, \ \frac{7}{6}\pi, \ \frac{11}{6}\pi$$

求める解は，r と θ にこれらを代入して

$$z = 4\left(\cos\frac{\pi}{2} + i\sin\frac{\pi}{2}\right) = 4i$$

$$z = 4\left(\cos\frac{7}{6}\pi + i\sin\frac{7}{6}\pi\right) = 4\left(-\frac{\sqrt{3}}{2} - \frac{1}{2}i\right)$$

$$= -2\sqrt{3} - 2i$$

$$z = 4\left(\cos\frac{11}{6}\pi + i\sin\frac{11}{6}\pi\right) = 4\left(\frac{\sqrt{3}}{2} - \frac{1}{2}i\right)$$

$$= 2\sqrt{3} - 2i$$

したがって，$z = 4i$，$-2i \pm 2\sqrt{3}$ 答

別解

(2)　$z^3 = -64i$

$$z^3 = (4i)^3$$

$$z^3 - (4i)^3 = (z - 4i)(z^3 + 4iz + (4i)^2)$$

であるから，$z^3 = -64i$ の解は

$$z = 4i,\ z^3 + 4iz + (4i)^2 = 0$$

$$(z + 2i)^2 - (2i)^2 + (4i)^2 = 0$$

$$(z + 2i)^2 - 4i^2 + 16i^2 = 0$$

$$(z + 2i)^2 = 12$$

$$z + 2i = \pm 2\sqrt{3}$$

より，$z = 4i$，$-2i \pm 2\sqrt{3}$

Point

▶ 方程式の両辺を極形式で表して両辺の

$$\boxed{\text{絶対値と偏角}}$$

を比較する。

$$z = -\frac{1}{2} + \frac{\sqrt{3}}{2}i \text{ のとき, 方程式 } z^5 + \frac{1}{z^5} = 2\cos 3\theta$$

$(0 < \theta < \pi)$ をみたす θ の個数の合計を求めよ。

解答目安時間 4分　　難易度 ▶▶▶▷▷

解 答

$$z = -\frac{1}{2} + \frac{\sqrt{3}}{2}i$$

$$= \cos\frac{2}{3}\pi + i\sin\frac{2}{3}\pi$$

よって,

$$z^3 = \cos 2\pi + i\sin 2\pi = 1$$

なので,

$$z^5 + \frac{1}{z^5} = z^2 + \frac{1}{z^2}$$

$$= z^2 + \frac{z}{z^3}$$

$$= z^2 + z \quad (z^3 = 1 \text{ を使った})$$

$$= \left(\cos\frac{4}{3}\pi + i\sin\frac{4}{3}\pi\right) + \left(\cos\frac{2}{3}\pi + i\sin\frac{2}{3}\pi\right)$$

$$= \left(-\frac{1}{2} - \frac{\sqrt{3}}{2}i\right) + \left(-\frac{1}{2} + \frac{\sqrt{3}}{2}i\right) = -1$$

よって, $2\cos 3\theta = -1 \iff \cos 3\theta = -\frac{1}{2}$

$0 < 3\theta < 3\pi$ に注意して, 上をみたす 3θ は

$$3\theta = \frac{2}{3}\pi \quad \text{or} \quad \frac{4}{3}\pi \quad \text{or} \quad \frac{8}{3}\pi$$

よって, θ は **3** 個   答

別解

$z = \cos\dfrac{2}{3}\pi + i\sin\dfrac{2}{3}\pi$ から, $|z| = 1$

よって, $|z|^2 = 1$ より, $z \cdot \bar{z} = 1 \iff \bar{z} = \dfrac{1}{z}$

また $z^3 = \cos 2\pi + i\sin 2\pi = 1$ なので

$$z^5 + \dfrac{1}{z^5} = \dfrac{1}{z} + z \quad \left(z^6 = 1 \text{ なので } z^5 = \dfrac{1}{z} \right)$$

$$= \bar{z} + z \quad (z \cdot \bar{z} = 1 \text{ なので})$$

ゆえに, $2\cos 3\theta = -1$

以下解答と同じ。

Point

▶ 複素数の大きさが 1 のときは，その複素数の共役は
逆数になることを使う。つまり

$|z| = 1$ のとき, $|z|^2 = 1$ より $z\bar{z} = 1$ なので
$\bar{z} = \dfrac{1}{z}$

これより，実数条件 $z + \bar{z} = z + \dfrac{1}{z}$ を使うと計算が
容易になる。

複素数 α, β が $|\alpha|=|\beta|=3$, $\alpha+\beta+3=0$ を満たすとき, $\alpha^3+\beta^3$ の値を求めよ。

解答目安時間 2分   難易度 ▶▶▶▷▷

解 答

$$\alpha+\beta+3=0 \iff \frac{\alpha+\beta}{2}=-\frac{3}{2}$$

つまり, α と β の中点は $-\dfrac{3}{2}$ …①

また $|\alpha|=|\beta|=3$ は $|\alpha-0|=|\beta-0|=3$, つまり O と α, O と β の距離は 3 であるから α と β は原点中心半径 3 の円周上にある。

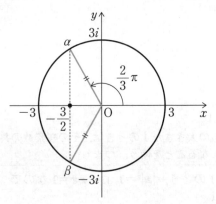

①に注意して図示すると, α と β の実部が $-\dfrac{3}{2}$ なので

$$\alpha=3\left(\cos\frac{2}{3}\pi+i\sin\frac{2}{3}\pi\right)$$

$$\beta = 3\left(\cos\frac{4}{3}\pi + i\sin\frac{4}{3}\pi\right)$$

と表すことができる（α, β の入れ替えアリ）。

ド・モアブルの定理から,

$$\begin{cases} \alpha^3 = 3^3(\cos2\pi + i\sin2\pi) = 27 \\ \beta^3 = 3^3(\cos4\pi + i\sin4\pi) = 27 \end{cases}$$

したがって, $\alpha^3 + \beta^3 = 27 + 27 = \mathbf{54}$ 答

Point

▶ 複素数平面上での幾何的解釈

・ $\dfrac{\alpha+\beta}{2}$ は $A(\alpha)$, $B(\beta)$ として AB の中点を表している。

・ $A(\alpha)$, $B(\beta)$ とするとき, $|\alpha-\beta| = |\beta-\alpha| = |\overrightarrow{AB}|$
これは $\overrightarrow{AB} = \beta-\alpha$ とできるからである。

⇒ 複素数の差はベクトル

複素数平面上に原点とは異なり，偏角が $35°$ である点 P(z) をとる。z^n が実数となるような最小の自然数と，z^n が純虚数となる最小の自然数 n を求めよ。

解答目安時間 2分　　難易度 ▶▶▶▷▷

解　答

$35°$ をラジアンで表すと，

$$35° = \frac{35}{180}\pi = \frac{7}{36}\pi$$

であるから，$|z| = r$ として

$$z = r\left(\cos\frac{7}{36}\pi + i\sin\frac{7}{36}\pi\right)$$

とかける。ド・モアブルの定理より，

$$z^n = r^n\left(\cos\frac{7}{36}\pi + i\sin\frac{7}{36}\pi\right)^n$$

$$= r^n\left(\cos\frac{7n}{36}\pi + i\sin\frac{7n}{36}\pi\right) \quad \cdots ①$$

① が実数になるのは $\sin\dfrac{7n}{36}\pi = 0$ のときである。

よって，$\dfrac{7n}{36}\pi = k\pi \ (k=1, \ 2, \ \cdots)$ となるときであり，

$$n = \frac{36}{7}k$$

最小の自然数 n は $k=7$ のときで $n=\textbf{36}$　答

① が純虚数になるのは $\cos\dfrac{7n}{36}\pi = 0$ のときである。

よって，$\dfrac{7n}{36}\pi = \dfrac{2k-1}{2}\pi \ (k=1, \ 2, \ \cdots)$ となるときで

あり，

$$n = \frac{18}{7}(2k-1)$$

最小の自然数 n は $k=4$ のときで $n=18$　答

Point

▶ 実数，純虚数

複素数 $a+bi$ において（a, b は実数）

　$b=0$ のとき実数

　$a=0$, $b \neq 0$ のとき純虚数

という。

▶ sin, cos の値

$$\sin x = 0 \quad \Leftrightarrow \quad x = k\pi \quad (k：整数)$$

$$\cos x = 0 \quad \Leftrightarrow \quad x = \frac{\pi}{2} + k\pi \quad (k：整数)$$

$\sin x$ と $\cos x$ は同時に 0 になることはない。

複素数 $z_1 = 1+i$, $z_2 = \sqrt{3}+i$ のとき、$\dfrac{z_1}{z_2}$ の値を求めよ。また、$\left(\dfrac{z_1}{z_2}\right)^n$ が実数となる最小の自然数 n と、このときの $\left(\dfrac{z_1}{z_2}\right)^n$ の値を求めよ。

解答目安時間 | 3分 　　難易度 ▶▶▶▷▷

解　答

$$\frac{z_1}{z_2} = \frac{1+i}{\sqrt{3}+i} = \frac{1+i}{\sqrt{3}+i} \cdot \frac{\sqrt{3}-i}{\sqrt{3}-i}$$

$$= \frac{\sqrt{3}-i+\sqrt{3}i-i^2}{3+1} = \frac{\sqrt{3}+1+(\sqrt{3}-1)i}{4}$$　答

また、

$$\frac{z_1}{z_2} = \frac{1+i}{\sqrt{3}+i}$$

$$= \frac{\sqrt{2}\left(\cos\dfrac{\pi}{4}+i\sin\dfrac{\pi}{4}\right)}{2\left(\cos\dfrac{\pi}{6}+i\sin\dfrac{\pi}{6}\right)}$$

$$= \frac{1}{\sqrt{2}}\left(\cos\frac{\pi}{12}+i\sin\frac{\pi}{12}\right) \leftarrow\left(\frac{\pi}{4}-\frac{\pi}{6}=\frac{\pi}{12}\ \text{より}\right)$$

$\left(\dfrac{z_1}{z_2}\right)^n = \left(\dfrac{1}{\sqrt{2}}\right)^n\left(\cos\dfrac{\pi}{12}n+i\sin\dfrac{\pi}{12}n\right)$ が実数になるの

は、$\sin\dfrac{\pi}{12}n = 0$ なので

$$\frac{\pi}{12}n = k\pi \quad (k=1,\ 2,\ 3,\ \cdots)$$

すなわち，$n=12k$ $(k=1,\ 2,\ 3,\ \cdots)$ であるから

最小の自然数 $n=\mathbf{12}$ $(k=1)$　答

このとき，$\left(\dfrac{z_1}{z_2}\right)^{12}=\left(\dfrac{1}{\sqrt{2}}\right)^{12}(\cos\pi+i\sin\pi)$

$$=\dfrac{1}{2^6}(-1)=-\dfrac{1}{64}\quad \text{答}$$

Point

▶ 複素数の積・商は回転，逆回転（ただし極形式限定）

▶ $A=\cos\alpha+i\sin\alpha$，$B=\cos\beta+i\sin\beta$ とすると

$$A\times B=\cos(\alpha+\beta)+i\sin(\alpha+\beta)\quad \leftarrow 積は回転$$
$$A\div B=\frac{A}{B}=\cos(\alpha-\beta)+i\sin(\alpha-\beta)$$

商は逆回転

複素数平面上に条件 $\dfrac{z_2}{z_1}=2+2i$, $|z_2-z_1|=2$ をみたす2点 $P(z_1)$, $Q(z_2)$ がある。このとき，3角形 OPQ における OP，$\angle POQ$，$\sin P$ の値を求めよ。ただし，i は虚数単位，O は原点とする。

解答目安時間 4分　　　難易度 ▶▶▶▷▷

解 答

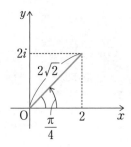

$$\frac{z_2}{z_1}=2+2i$$

$$\iff \quad z_2=2\sqrt{2}\left(\cos\frac{\pi}{4}+i\sin\frac{\pi}{4}\right)z_1$$

$$\iff \quad \overrightarrow{OQ}=2\sqrt{2}\left(\cos\frac{\pi}{4}+i\sin\frac{\pi}{4}\right)\cdot\overrightarrow{OP}$$

とかけるから，$\overrightarrow{OQ}$ は $\overrightarrow{OP}$ を $\dfrac{\pi}{4}$ 回転して $2\sqrt{2}$ 倍したもの。

また，$|z_2-z_1|=2$ は，$|\overrightarrow{PQ}|=2$
これを図示すると

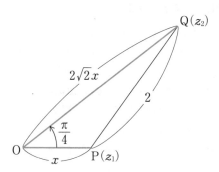

OP$=x$ とおき，$\triangle$OPQ に余弦定理を用いて，

$$2^2=x^2+\left(2\sqrt{2}\,x\right)^2-2\cdot x\cdot 2\sqrt{2}\,x\cdot\cos\frac{\pi}{4}$$

$$\Longleftrightarrow\quad 5x^2=4$$

よって，$x=\dfrac{\mathbf{2}}{\sqrt{\mathbf{5}}}$　答

$$\angle\mathrm{POQ}=\frac{\pi}{4}\quad\text{答}$$

$\triangle$OPQ に正弦定理を用いて，

$$\frac{2\sqrt{2}\,x}{\sin P}=\frac{2}{\sin\dfrac{\pi}{4}}$$

$$\Longleftrightarrow\quad \sin P=\sqrt{2}\,x\cdot\sin\frac{\pi}{4}=x=\frac{\mathbf{2}}{\sqrt{\mathbf{5}}}\quad\text{答}$$

Point

▶ 複素数の差はベクトル

・$\mathrm{A}(\alpha)$，$\mathrm{B}(\beta)$ として $\overrightarrow{\mathrm{AB}}=\beta-\alpha$

・図示することで解法が決まる
　（計算だけではキビシイ）

複素数平面上に，原点 O と 3 点 α, β, γ がある。
$\alpha=2+i$, $\angle\alpha O\beta=45°$, $\angle O\alpha\beta=60°$, $\angle\alpha O\gamma=90°$,
$|\alpha|=|\gamma|$ であり，β と γ の虚部はともに正である。

このとき，$\gamma=\boxed{}$，また $|\beta|$ は $|\alpha|$ の $\boxed{}$ 倍
で，$\beta=\boxed{}$ である。さらに，複素数 ω が線分 Oγ
上にあり，四角形 O$\alpha\beta\omega$ がある円に内接していると
き，$|\omega|$ の値は $\boxed{}$ である。空欄ア〜エを求めよ。

解答目安時間 6分   難易度 ◖◗◗◗◗

解 答

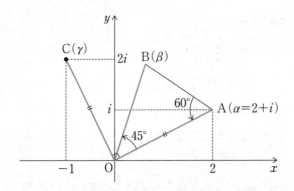

A(α), B(β), C(γ) として

$$\overrightarrow{OC}=\overrightarrow{OA}\times(\cos90°+i\sin90°)$$

つまり，$\gamma=(2+i)\times i=\boldsymbol{-1+2i}$ 答

△OAB に正弦定理を用いて，

$$\frac{OB}{\sin60°}=\frac{OA}{\sin75°}$$

$$\Leftrightarrow \quad |\beta| = |\alpha| \cdot \frac{\sin 60^\circ}{\sin 75^\circ}$$

$$= |\alpha| \cdot \frac{\sin 60^\circ}{\sin(30^\circ + 45^\circ)}$$

$$= |\alpha| \cdot \frac{\left(\dfrac{\sqrt{3}}{2}\right)}{\sin 30^\circ \cdot \cos 45^\circ + \cos 30^\circ \sin 45^\circ}$$

$$= |\alpha| \cdot \frac{\left(\dfrac{\sqrt{3}}{2}\right)}{\dfrac{\sqrt{2} + \sqrt{6}}{4}}$$

$$= \frac{3\sqrt{2} - \sqrt{6}}{2} \cdot |\alpha| \quad \boxed{答}$$

よって，$\overrightarrow{\mathrm{OB}} = \overrightarrow{\mathrm{OA}}(\cos 45^\circ + i\sin 45^\circ) \cdot \dfrac{3\sqrt{2} - \sqrt{6}}{2}$

$$\beta = \alpha\left(\frac{1}{\sqrt{2}} + \frac{1}{\sqrt{2}}i\right) \cdot \frac{3\sqrt{2} - \sqrt{6}}{2}$$

$$= (2+i)(1+i) \cdot \frac{3 - \sqrt{3}}{2}$$

$$= \frac{3 - \sqrt{3}}{2}(1 + 3i) \quad \boxed{答}$$

$\mathrm{D}(\omega)$ とすると，$\angle \mathrm{AOC} = 90^\circ$ であるから，AD は円の直径となる。$\overset{\frown}{\mathrm{DB}}$ の円周角 $\angle \mathrm{DAB} = \angle \mathrm{DOB} = 45^\circ$ に注意して $\triangle \mathrm{DOA}$ に正弦定理を用いて，

$$\frac{|\overrightarrow{\mathrm{OD}}|}{\sin 15^\circ} = \frac{|\overrightarrow{\mathrm{OA}}|}{\sin 75^\circ}$$

$$\Leftrightarrow \quad |\omega| = \frac{\sin 15^\circ}{\sin 75^\circ}|\alpha|$$

$$= \frac{\sin(45°-30°)}{\sin(45°+30°)}|2+i|$$

$$= \frac{\sin45°\cos30° - \cos45° \cdot \sin30°}{\sin45°\cos30° + \cos45° \cdot \sin30°}\sqrt{2^2+1^2}$$

$$= \frac{\sqrt{6}-\sqrt{2}}{\sqrt{6}+\sqrt{2}}\sqrt{5}$$

$$= (2-\sqrt{3})\cdot\sqrt{5}$$

$$= 2\sqrt{5}-\sqrt{15} \quad 答$$

Point

▶ $15°$ の倍数の三角比の値は加法定理を使う。

▶ 複素数平面上から実数平面の図形として扱うと数
  Ⅰ・Ⅱに帰着できる。

1-11　複素数平面上の軌跡①

複素数 z が $z\bar{z}-(1-\sqrt{3}i)z-(1+\sqrt{3}i)\bar{z}=0$ をみたすとき，複素数平面上で z の軌跡を求めよ。

解答目安時間　3分　　難易度

解　答

$z=x+yi(x,\ y$ は実数$)$ とおいて，与式に代入すると

$$(x+yi)(x-yi)-(1-\sqrt{3}i)(x+yi)-(1+\sqrt{3}i)(x-yi)=0$$

$$\Leftrightarrow\quad x^2+y^2-2x-2\sqrt{3}y=0$$

$$\Leftrightarrow\quad (x-1)^2+(y-\sqrt{3})^2=4$$

z は**中心 $(1+\sqrt{3}i)$　半径 2 の円**を描く。　答

Point

▶ 複素数平面上の z の軌跡の求め方

①　$z=x+yi$（$x,\ y$ 実数）とおいて x と y の式を作る

②　$|z|$ の大きさについて考えて幾何的にとらえる

以上の 2 通りあり，本問は①で解いた。

複素数平面上で，点 z が 2 点 $1-\dfrac{i}{2}$，$-\dfrac{1}{2}+i$ を通る直線上を動くとき，$\dfrac{1}{z}$ はどのような図形を描くか。

解答目安時間 6分　　難易度

解　答

$z=x+yi$ とおくと $(x, y$ は実数$)$

$$y=-x+\dfrac{1}{2} \quad \cdots ①$$

を満たす。

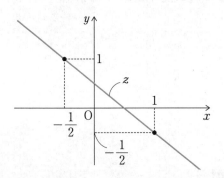

$\dfrac{1}{z}=\dfrac{1}{x+yi}=X+Yi$ とおくと $(X, Y$ は実数$)$，

$$\begin{aligned}
x+yi &= \dfrac{1}{X+Yi} \\
&= \dfrac{1\cdot(X-Yi)}{(X+Yi)(X-Yi)} \\
&= \dfrac{X-Yi}{X^2+Y^2} \quad (X^2+Y^2 \neq 0)
\end{aligned}$$

よって，$x = \dfrac{X}{X^2 + Y^2}$，$y = \dfrac{-Y}{X^2 + Y^2}$

これらを①に代入して

$$\dfrac{-Y}{X^2 + Y^2} = \dfrac{-X}{X^2 + Y^2} + \dfrac{1}{2}$$

この式を整理して

$$(X-1)^2 + (Y+1)^2 = 2 \quad \cdots ②$$

②より，$\dfrac{1}{z} = X + Yi$ は $(X-1)^2 + (Y+1)^2 = 2$

すなわち**中心 $1-i$，半径 $\sqrt{2}$ の円**（ただし，原点は除く）
を描く。 答

Point

▶ 複素数平面上の軌跡は，描かれる図形を具体化する
  ために $z = x + yi$（x, y は実数）とおく。

▶ 本問では，z の条件から $\dfrac{1}{z}$ の軌跡なので，

  $z = x + yi$ としたあとに $\dfrac{1}{z} = X + Yi$ として文字の
  区別をしている。

1-13　複素数平面上の軌跡③

複素数平面において点 z が原点 O を中心とする半径 1 の円周上を動くとき，$w=\dfrac{1-6z}{1+2z}$ で定められる点 w が描く円の半径の値を求めよ。

解答目安時間 5分　難易度 ▶▶▶▶▷

解 答

$$w=\frac{1-6z}{1+2z} \iff z=\frac{1-w}{2(w+3)}$$

$|z|=1$ なので，

$$\left|\frac{1-w}{2(w+3)}\right|=1 \iff |1-w|=2|w+3|$$

ここで $w=x+yi$ とおくと，上式は

$$|(1-x)-yi|=2|(x+3)+yi|$$
$$\iff \sqrt{(1-x)^2+(-y)^2}=2\sqrt{(x+3)^2+y^2}$$

よって，$x^2+y^2+\dfrac{26}{3}x+\dfrac{35}{3}=0$

$$\iff \left(x+\frac{13}{3}\right)^2+y^2=\frac{64}{9}$$

$w=x+yi$ は，中心 $-\dfrac{13}{3}$，半径 $\sqrt{\dfrac{64}{9}}=\dfrac{8}{3}$ の円を描く。

答

《注》　w は円を描くことがわかっているので必要条件から半径を求めてもよい。

$z=1$ のとき，$w=-\dfrac{5}{3}$

$z=-1$ のとき，$w=-7$

$z=i$ のとき，$w=\dfrac{1-6i}{1+2i}=\dfrac{-11-8i}{5}$

であるから，3 点 $\left(-\dfrac{5}{3},\ 0\right),\ (-7,\ 0),\ \left(-\dfrac{11}{5},\ -\dfrac{8}{5}\right)$ を

通る円の方程式と考える。よって，

$$x^2+y^2+ax+by+c=0$$

とおいて，a, b, c を決めれば半径 r が求められる。

Point

▶ w の軌跡を求めたいので z の消去を考える。
  （w を求めたい → z が不要）
  最終的には w の軌跡を $w=x+yi$（x, y は実数）
  とおいて x と y の式に帰着。

▶ 複素数平面上で中心 α，半径 r の円の式

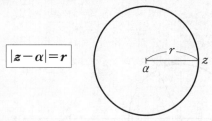

$$\boxed{|z-\alpha|=r}$$

▶ 本問では，
  $|1-w|=2|w+3|$　⟺　$|1-w|:|w-(-3)|=2:1$
  であるから w は 1 と (-3) からの距離の比が $2:1$
  である「アポロニウスの円」を描く。
  これを用いても可である。

複素数平面上で，方程式 $(1-2i)z+(1+2i)\bar{z}=20$ の表す直線を l とする。点 $z=x+iy$（x, y は実数）が l 上にあるとき，y を x で表せ。さらに原点を中心とする円が直線 l と点 α で接しているならば，α の表す複素数を求めよ。また，このとき p, q を実数とする2次方程式 $x^2+px+q=0$ が α を1つの解としてもつとき，p, q の値を求めよ。

解答目安時間 6分　　難易度 ◗◗◗◗◗

解 答

$z=x+yi$ を $(1-2i)z+(1+2i)\bar{z}=20$ へ代入して

$\quad (1-2i)(x+yi)+(1+2i)(x-yi)=20$

$\quad \Longleftrightarrow \quad 2x+4y=20$

$\quad \Longleftrightarrow \quad y=-\dfrac{1}{2}x+5$ 答

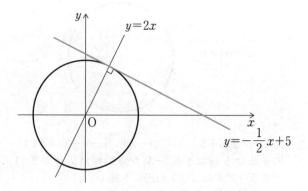

O を中心とする円と $y=-\dfrac{1}{2}x+5$ が接するとき，接点は

$$\begin{cases} y=-\dfrac{1}{2}x+5 \\ y=2x \end{cases}$$

との交点となるので，連立してこの点は $(2,\ 4)$

　複素数平面に対応させて，$\alpha=2+4i$　**答**

　実数係数方程式 $x^2+px+q=0$ が $\alpha=2+4i$ を解にもつ

とき，必ず $\bar{\alpha}=2-4i$ を解にもつので解と係数の関係から，

$$\begin{cases} \alpha+\bar{\alpha}=-p \\ \alpha\bar{\alpha}=q \end{cases}, \quad \text{つまり} \quad \begin{cases} (2+4i)+(2-4i)=4=-p \\ (2+4i)(2-4i)=20=q \end{cases}$$

よって　$p=-4$，$q=20$　**答**

Point

▶ "円と接線は中心と結べ"

　(円の接線) ⊥ (中心と接点を結ぶ線) です。

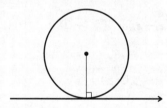

▶ x の実数係数方程式

$a_n x^n + a_{n-1}x^{n-1}+\cdots+a_2 x^2+a_1 x+a_0=0$

各 a_k は実数 $(k=0,\ 1,\ 2,\ \cdots,\ n)$

これが $x=p+qi\,(p,\ q\ 実数)$ をもつとき，

$$\boxed{共役な解\ x=p-qi\ を必ずもつ。}$$

1-15 複素数平面上の回転

複素数平面上に2点 $z_0 = 2i$, $z_1 = 1$ を考える。z_0 を中心として z_1 を角度 θ $(0° < \theta < 90°)$ だけ回転した点を z_2 とする。$\omega = \cos\theta + i\sin\theta$ とおくとき，z_2 を ω を用いて表せ。さらに，z_1 を中心とし，z_2 を $-\theta$ だけ回転した点を z_3 とするとき，z_3 と z_0 が z_1 と z_2 の中点に関して点対称であるとき，θ の値を求めよ。ただし，i は虚数単位とする。

解答目安時間 6分   難易度

解 答

$A(z_0)$, $B(z_1)$, $C(z_2)$ とすると

$$\overrightarrow{AC} = \overrightarrow{AB} \cdot (\cos\theta + i\sin\theta)$$

と表すことができる。つまり，

$$z_2 - z_0 = (z_1 - z_0) \cdot \omega$$

よって，

$$z_2 = z_0 + (z_1 - z_0)\omega \quad \boxed{答} \quad \cdots ①$$

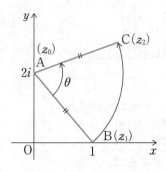

D(z_3) とすれば，

$$\overrightarrow{BD}=\overrightarrow{BC}\cdot(\cos(-\theta)+i\sin(-\theta))$$

と表すことができる。つまり，

$$z_3-z_1=(z_2-z_1)\frac{1}{\cos\theta+i\sin\theta}$$

（$-\theta$ は θ の逆回転）

$$\Leftrightarrow\quad z_3=z_1+\frac{1}{\omega}(z_2-z_1)\quad\cdots②$$

z_3 と z_0 が z_1 と z_2 の中点に関して点対称なので，

$$\frac{z_0+z_3}{2}=\frac{z_1+z_2}{2}$$

$$z_3-z_1=z_2-z_0$$

$$\Leftrightarrow\quad \frac{1}{\omega}(z_2-z_1)=(z_1-z_0)\omega$$

（①②より）

さらに①を代入して，

$$\frac{1}{\omega}\{z_0+(z_1-z_0)\omega-z_1\}=(z_1-z_0)\omega$$

$$\Leftrightarrow\quad \left(\omega+\frac{1}{\omega}-1\right)(z_0-z_1)=0$$

$z_0\neq z_1$ なので，$\omega+\dfrac{1}{\omega}-1=0$ となり，

$$\omega^2-\omega+1=0$$

$$\Leftrightarrow\quad \omega=\frac{1\pm\sqrt{3}i}{2}=\cos\theta+i\sin\theta$$

$0 < \theta < 90°$ より，

$$\cos\theta + i\sin\theta = \frac{1}{2} + \frac{\sqrt{3}}{2}i$$

つまり，$\theta = 60°$ 答

Point

▶ 点の回転はベクトルの回転として扱う。

$A(\alpha)$，$B(\beta)$，$C(\gamma)$ として $\overrightarrow{AC}$ は $\overrightarrow{AB}$ を θ 回転した
ものとすると

$$\overrightarrow{AC} = \overrightarrow{AB} \times (\cos\theta + i\sin\theta)$$
$$\iff \boxed{\gamma - \alpha = (\beta - \alpha)(\cos\theta + i\sin\theta)}$$

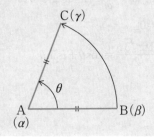

1-16 偏角の範囲

複素数 z が $|z-\sqrt{3}-i|\leqq1$ をみたすとき，iz の偏角 θ の範囲および，$|iz|$ の最大値を求めよ。

解答目安時間 4分 難易度

解答

$|z-\sqrt{3}-i|\leqq1$ とは，$|z-(\sqrt{3}+i)|\leqq1$ から中心 $(\sqrt{3}+i)$，半径 1 の円の周及び内部を表す。

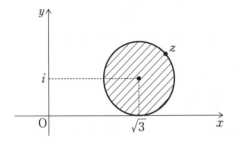

$\left(\begin{array}{l}|z-(\sqrt{3}+i)| \text{ とは } z \text{ と } (\sqrt{3}+i) \text{ の距離のこと。この距離が}\\ \text{本問では 1 以下。}\end{array}\right)$

$iz=z\cdot\left(\cos\dfrac{\pi}{2}+i\sin\dfrac{\pi}{2}\right)$ なので，z を O を中心に $\dfrac{\pi}{2}$ 回転したものである。したがって，上の斜線部分の円を O 中心に $\dfrac{\pi}{2}$ 回転する。

このとき中心 $(\sqrt{3}+i)$ は $(\sqrt{3}+i)\cdot i=-1+\sqrt{3}i$

半径は変わらず 1 のままだから次ページの図になる。

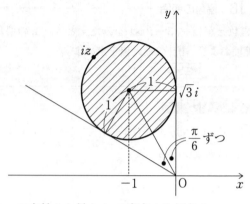

よって実軸から見た iz の存在する偏角 θ

$$\frac{\pi}{2} \leqq \theta \leqq \frac{\pi}{2} + \frac{\pi}{6} + \frac{\pi}{6}$$

$$\Leftrightarrow \quad \frac{\pi}{2} \leqq \theta \leqq \frac{5}{6}\pi \quad \boxed{答}$$

$|iz| = |iz-0|$ は O から iz への距離であるから，この最大は O と $\left(-1+\sqrt{3}i\right)$ を結ぶ直線と円周との交点のうち遠い方のときとなり，最大値は $|iz| = 2+1 = \mathbf{3}$ $\boxed{答}$

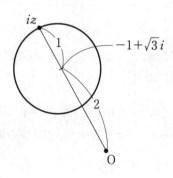

別解

$|iz|=|i||z|=|z|$ より，$|z|$ の最大値は原点との距離と考えて

$|z| \leqq \sqrt{(\sqrt{3})^2+1^2}+1=3$ 答

Point

▶ $iz=z \times \left(\cos\dfrac{\pi}{2}+i\sin\dfrac{\pi}{2}\right)$ なので z を O 中心に $\dfrac{\pi}{2}$
回転した図形を表す。

▶ $\arg z=\theta$ とは P(z)として $\overrightarrow{\mathrm{OP}}$ と実軸の正の方向と
のなす角である。

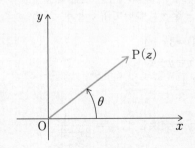

2-1　分数不等式・逆関数

(1) $\dfrac{3}{x-2} \geqq x$ を解け。

(2) $f(x) = \dfrac{3x+4}{2x-1}$ の逆関数 $f^{-1}(x)$ を求めよ。

（解答目安時間）5分　　（難易度）▶▶▷▷▷

解　答

(1) $\dfrac{3}{x-2} \geqq x$ の両辺を $(x-2)^2$ 倍して　$((x-2)^2 > 0)$

$3(x-2) \geqq x(x-2)^2$　かつ　$x \neq 2$　◀── 分母 $\neq 0$ に注意

$\Longleftrightarrow (x-2)(x-3)(x+1) \leqq 0$

$\Longleftrightarrow x \leqq -1$　or　$2 < x \leqq 3$　答

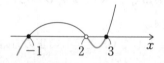

(2) $y = \dfrac{3x+4}{2x-1}$ を x について解くと

$y(2x-1) = 3x+4$

$(2y-3)x = y+4$

$x = \dfrac{y+4}{2y-3}$

この x と y を交換して，$y = \dfrac{x+4}{2x-3}$

よって，$f^{-1}(x) = \dfrac{x+4}{2x-3}$　**答**

《注》　(2)の分数関数を実際に書くと，x と y について1対1の
　　　　関係にあることがわかります。これが逆関数の存在条件に
　　　　なります。

Ｐoint

▶ **分数不等式**

$\dfrac{b}{a} > 0$ から分母を払う場合，単純に分母 $= a$ 倍して
はダメ。$a > 0$ または $a < 0$ の場合分けが必要。

$\dfrac{b}{a} \geqq 0$ から分母を払う簡易的な計算として

(分母)$^2 = a^2 > 0$ 倍すれば不等号の向きを変えずに
行える。つまり

$$\boxed{\dfrac{b}{a} > 0 \quad \Longleftrightarrow \quad ab > 0 \text{ かつ } a \neq 0 \,(\text{分母} \neq 0)}$$

$\underset{a^2 \text{ 倍}}{}$

▶ **逆関数**

$y = f(x)$ の逆関数 $y = f^{-1}(x)$ の求め方

step1.　$y = f(x)$ の式を x について解き，$x = (y$ の式$)$
と変形。

step2.　**step1.** で得られた式の x と y を交換する。
この式が $y = f^{-1}(x)$

2-2 無理関数

関数 $y=\sqrt{2x+3}$ $\left(-\dfrac{3}{2}\leqq x\leqq 3\right)$ …① について，次の問いに答えよ。

(1) 関数①の逆関数と，その定義域と値域を求めよ。

(2) 関数①のグラフと逆関数のグラフとの交点の座標を求めよ。

(3) 関数①のグラフ上の点を A，逆関数のグラフ上にあり，直線 $y=x$ に関して A と対象な点を B とする。このとき，線分 AB の長さが最大となる 2 点 A，B の座標を求めよ。

解答目安時間 6分　　難易度

解 答

(1)　$y=\sqrt{2x+3}$ $\left(-\dfrac{3}{2}\leqq x\leqq 3\right)$

は右のグラフ。

グラフから $-\dfrac{3}{2}\leqq x\leqq 3$

に対して $0\leqq y\leqq 3$

このグラフは x と y が 1
対 1 対応なので逆関数が存
在する。

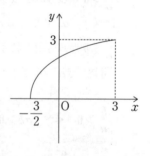

$y=\sqrt{2x+3}$ を x について解くと，$x=\dfrac{1}{2}(y^2-3)$

ここで x と y を交換して逆関数は

$y=\dfrac{1}{2}(x^2-3)$ 答

逆関数の定義域と値域は，元の関数と逆になるので，

求める定義域は $0 \leqq x \leqq 3$，値域は $-\dfrac{3}{2} \leqq y \leqq 3$ **答**

(2) $y=\sqrt{2x+3}$ $\left(\dfrac{-3}{2} \leqq x \leqq 3\right)$ と

逆関数 $y=\dfrac{1}{2}(x^2-3)$ $(0 \leqq x \leqq 3)$

のグラフは $y=x$

に関して対称であ

るから，交点は

$y=x$ 上にある。

　したがって

$y=\dfrac{1}{2}(x^2-3)$ と

$y=x$ を連立して

$$\dfrac{1}{2}(x^2-3)=x$$

$$\Longleftrightarrow \quad x^2-2x-3=0$$

$$\Longleftrightarrow \quad (x-3)(x+1)=0$$

$0 \leqq x \leqq 3$ なので，交点の座標は $(3, 3)$ **答**

(3) $y=\sqrt{2x+3}$ と $y=\dfrac{1}{2}(x^2-3)$ のグラフは $y=x$ に関して

対称であるから，2 点 A，B の長さが最大になるのは

$\mathrm{B}\left(t, \dfrac{1}{2}(t^2-3)\right)$ $(0 \leqq t \leqq 3)$ から $y=x$ への距離が最大の

ときである。点と直線の距離の公式から，

$$\dfrac{\left|t-\dfrac{1}{2}(t^2-3)\right|}{\sqrt{1^2+(-1)^2}}=\dfrac{1}{2\sqrt{2}}\left|-t^2+2t+3\right|$$

$$= \frac{1}{2\sqrt{2}}|-(t-1)^2+4|$$

$0 \leq t \leq 3$ に注意して，$t=1$ のとき AB は最大になる。
このとき $\mathbf{A}(-1, 1)$，$\mathbf{B}(1, -1)$ 答

Point

▶ 無理関数

$y=\sqrt{x\text{の1次式}}$ は放物線を横にしたものをイメージします。$\sqrt{\ }$ の中が 0 以上であることに注意するだけでなく，$y=\sqrt{x\text{の1次式}} \geq 0$ つまり $y \geq 0$ にも注意をしたい。

▶ 逆関数の性質

・x と y が 1 対 1 対応のときに限り，逆関数が存在する。

・逆関数のグラフは，$y=x$ に関して元の関数のグラフと対称になる。

・逆関数の定義域・値域は元の関数と逆になる。

2-3　だ円①（横長）

次のだ円の焦点の座標を求め，その概形をかけ。

$$4x^2+9y^2=36$$

解答目安時間　1分　　難易度 ▶◁◁◁◁

解答

$4x^2+9y^2=36$

$\iff \dfrac{x^2}{9}+\dfrac{y^2}{4}=1$

焦点は $(\pm\sqrt{9-4},\ 0)$

$\qquad =(\pm\sqrt{5},\ 0)$ 答

概形は右図。

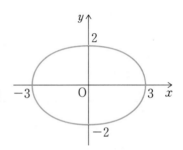

Point

▶ だ円（横長）

$\dfrac{x^2}{a^2}+\dfrac{y^2}{b^2}=1\ (a>b>0)$ は，O 中心のだ円で長軸の

長さ $2a$，短軸の長さ $2b$，焦点は $\begin{cases} F(\sqrt{a^2-b^2},\ 0) \\ F'(-\sqrt{a^2-b^2},\ 0) \end{cases}$

であり，曲線上の点 P に対して常に $PF+PF'=2a$
（長軸の長さ）になる。

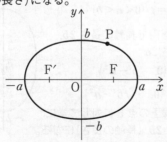

2-4 だ円②(縦長)

$\dfrac{x^2}{3}+\dfrac{y^2}{5}=1$ と焦点が一致し，長軸の長さが 4 であ

るだ円の方程式を求めよ。

解答目安時間 1分　　難易度 ▷▷▷▷

解 答

$\dfrac{x^2}{3}+\dfrac{y^2}{5}=1$ の焦点は，$(0,\ \pm\sqrt{5-3})=(0,\ \pm\sqrt{2})$

また長軸の長さが 4 なので，求めるだ円の式は

$$\dfrac{x^2}{a^2}+\dfrac{y^2}{2^2}=1\ (2>a>0)\quad \cdots ①$$

焦点が一致することより，

$4-a^2=2\ \Longleftrightarrow\ a^2=2$

したがって求めるだ円は①より，

$$\dfrac{x^2}{2}+\dfrac{y^2}{4}=1\ \ 答$$

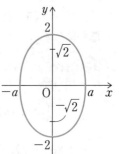

Point

▶ だ円(縦長)

$\dfrac{x^2}{a^2}+\dfrac{y^2}{b^2}=1\ (0<a<b)$ は，

O 中心のだ円で長軸の長さ $2b$，
短軸の長さ $2a$

焦点は $\begin{cases} F(0,\ \sqrt{b^2-a^2}) \\ F'(0,\ -\sqrt{b^2-a^2}) \end{cases}$

であり曲線上の点 P に対して常に
$PF+PF'=2b$（長軸の長さ）になる。

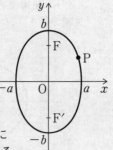

2-5 だ円③（2焦点からの距離の和が一定）

2定点 $(12,\ 0)$, $(-12,\ 0)$ からの距離の和が 26 である点 $(x,\ y)$ の軌跡の方程式を求めよ。

解答目安時間 1分 　難易度 ▶▷▷▷▷

解答

2定点からの距離の和が一定であるからこの軌跡はだ円である。
そこで求めるだ円の式を

$$\frac{x^2}{a^2}+\frac{y^2}{b^2}=1 \ (a>b>0)$$

とおくと，$PF+PF'=26=2a$ （長軸の長さ）から，

$a=13$

このとき，焦点は $\left(\pm\sqrt{13^2-b^2},\ 0\right)=(\pm12,\ 0)$ なので

$169-b^2=144$

$\Longleftrightarrow \ b^2=25=5^2$

よって，求める軌跡の式は，$\dfrac{x^2}{13^2}+\dfrac{y^2}{5^2}=1$ 答

$\left(\dfrac{x^2}{169}+\dfrac{y^2}{25}=1 \ \text{も可}\right)$

Point

▶ $\dfrac{x^2}{a^2}+\dfrac{y^2}{b^2}=1 \ (a>b>0)$ の曲線上の点 P について2つの焦点 $F\left(\sqrt{a^2-b^2},\ 0\right)$ $F'\left(-\sqrt{a^2-b^2},\ 0\right)$ を用いて $PF+PF'=2a$ （長軸の長さ）が常に成り立つ。

xy 平面におけるだ円 $C : \dfrac{(x-3)^2}{4}+(y-1)^2=1$ を考える。だ円 C 上の点 A における接線が原点 O を通り傾きが正であるとき，点 A の座標を求めよ。

解答目安時間 3分 　　難易度 ▶▶◐▷▷

解 答

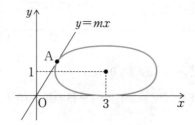

$C : \dfrac{(x-3)^2}{4}+(y-1)^2=1$ の接線で，O を通り傾きが正であるものを $y=mx$ とおくと $(m>0)$，C と連立して

$$\frac{1}{4}(x-3)^2+(mx-1)^2=1$$

$$\Longleftrightarrow \quad (4m^2+1)x^2-(8m+6)x+9=0$$

これが重解 $x=\dfrac{4m+3}{4m^2+1}$ …(＊) をもつので

$$\frac{\text{判別式}}{4}=(4m+3)^2-(4m^2+1)\cdot 9=0$$

$$\Longleftrightarrow \quad m(5m-6)=0$$

$m>0$ より，$m=\dfrac{6}{5}$

このとき A の x は (*) より,

$$x = \frac{4\left(\dfrac{6}{5}\right)+3}{4\left(\dfrac{6}{5}\right)^2+1} = \frac{195}{169} = \frac{15}{13}$$

$$y = mx = \frac{6}{5}x = \frac{6}{5}\cdot\frac{15}{13} = \frac{18}{13}$$

よって, $A\left(\dfrac{15}{13},\ \dfrac{18}{13}\right)$ 答

Point

▶ だ円と直線の関係
  連立して2次方程式を得たとき, この判別式を D
  として

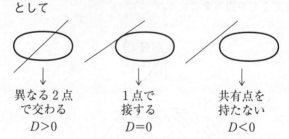

| 異なる2点
で交わる
$D>0$ | 1点で
接する
$D=0$ | 共有点を
持たない
$D<0$ |

▶ 2次方程式 $ax^2+bx+c=0$ が重解を持つとき

$$\boxed{\text{判別式 } D=0 \quad \text{かつ} \quad \text{重解 } x=\frac{-b}{2a}}$$

$$\left(\text{解の公式 } x=\frac{-b\pm\sqrt{D}}{2a} \text{ の } D=0 \text{ のこと}\right)$$

実数 x, y が $4x^2+9y^2 \leq 36$, $y \geq 0$ をみたすとき, $2x+y$ の最大値と最小値を求めよ。

解答目安時間　5分　　難易度

解答

$4x^2+9y^2 \leq 36$, $y \geq 0$ を図示すると右図。

このとき $2x+y=k$ とおくと,

$$y=-2x+k$$

これは傾き -2, y 切片 k の直線となり, この直線が上の領域と共有点をもつ限界を考える。

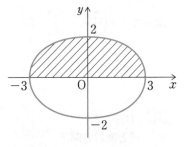

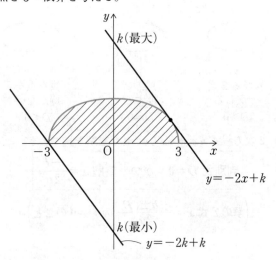

$y = -2x + k$ と $4x^2 + 9y^2 = 36$ が接するとき，2式を連立して，

$$4x^2 + 9(-2x + k)^2 = 36$$

$$\Longleftrightarrow \quad 40x^2 - 36kx + 9k^2 - 36 = 0$$

これが正の重解 x をもつので

$$\frac{判別式}{4} = (-18k)^2 - 40(9k^2 - 36) = 0$$

$$\Longleftrightarrow \quad k^2 = 40$$

$k > 0$ なので，$k = 2\sqrt{10}$（最大）　答

また，$y = -2x + k$ が $(-3,\ 0)$ を通るとき

$$0 = -2 \cdot (-3) + k \quad \Longleftrightarrow \quad k = -6 \text{（最小）}　答$$

Point

▶ 最大値・最小値は図示して視覚的に理解する。

▶ $2x + y$ の最大値，最小値を考えるときは $2x + y$ の式の意味をとるために $2x + y = k$ とおく。すると k は $y = -2x + k$ の y 切片を表す。

▶ 重解条件（判別式＝0）を利用する。

直線 $y = -kx + l$ $(k > 0,\ l > 0)$ が与えられたとき，この直線に接するだ円 $\dfrac{x^2}{a^2} + \dfrac{y^2}{b^2} = 1$ $(a > 0,\ b > 0)$ を考える。このときのだ円の面積の最大値を求めよ。

解答目安時間 7分　　難易度

解答

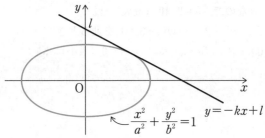

$\dfrac{x^2}{a^2} + \dfrac{y^2}{b^2} = 1$ の面積を $\pi ab = S$ …① とおく。

$\dfrac{x^2}{a^2} + \dfrac{y^2}{b^2} = 1$ と $y = -kx + l$ は接するので連立して

$$\dfrac{1}{a^2}x^2 + \dfrac{1}{b^2}(-kx + l)^2 = 1$$

$$\iff (b^2 + a^2k^2)x^2 - 2a^2klx + a^2l^2 - a^2b^2 = 0$$

これが重解をもつので，$\dfrac{\text{判別式}}{4} = 0$

つまり，$(-a^2kl)^2 - (b^2 + a^2k^2)(a^2l^2 - a^2b^2) = 0$

$$\iff a^2b^2(-l^2 + b^2 + a^2k^2) = 0$$

$a > 0,\ b > 0$ より，$b^2 = l^2 - a^2k^2$ …②

ここで①より，$\left(\dfrac{S}{\pi}\right)^2 = a^2 b^2$

$$= a^2(l^2 - a^2 k^2) \quad (②より)$$

$$= -k^2 a^4 + l^2 a^2$$

$$= -k^2\left(a^2 - \dfrac{l^2}{2k^2}\right)^2 + \dfrac{l^4}{4k^2}$$

つまり，$a^2 = \dfrac{l^2}{2k^2}$，$b^2 = \dfrac{l^2}{2}$ のとき $\left(\dfrac{S}{\pi}\right)^2$ は最大になる

から，このとき S も最大となる。

よって，面積 S の最大値は

$$\pi ab = \pi \sqrt{\dfrac{l^2}{2k^2}} \sqrt{\dfrac{l^2}{2}} = \dfrac{\pi l^2}{2k} \quad \boxed{答}$$

Point

▶ だ円 $\dfrac{x^2}{a^2} + \dfrac{y^2}{b^2} = 1$ の面積は πab

だ円 $x^2+4y^2=3$ と直線 $y=x+a$ が共有点をもつようなアの値の範囲を求めよ。

解答目安時間 2分　　難易度 ◗◗◗▷▷

解　答

$x^2+4y^2=3$ $\left(\dfrac{x^2}{3}+\dfrac{4}{3}y^2=1\right)$ と $y=x+a$ を簡単に図示すると

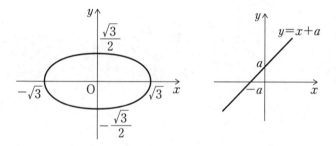

ここで $x^2+4y^2=3$ と $y=x+a$ をともに y 軸方向に2倍拡大するとそれぞれ

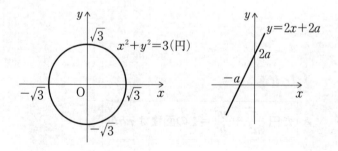

これが共有点をもつとき、Oから $2x-y+2a=0$ への距離が半径 $\sqrt{3}$ 以下となる。

つまり、点と直線の距離の公式から、

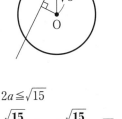

$$\frac{|2a|}{\sqrt{2^2+(-1)^2}} \leq \sqrt{3}$$

$$\Longleftrightarrow \quad |2a| \leq \sqrt{15} \quad \Longleftrightarrow \quad -\sqrt{15} \leq 2a \leq \sqrt{15}$$

よって、求める a の値の範囲は $-\dfrac{\sqrt{15}}{2} \leq a \leq \dfrac{\sqrt{15}}{2}$ 答

別解

$x^2+4y^2=3$ と $y=x+a$ を連立して

$$x^2+4(x+a)^2=3$$

$$\Longleftrightarrow \quad 5x^2+8ax+4a^2-3=0$$

これが実数解をもつので

$$\frac{判別式}{4}=(4a)^2-5(4a^2-3)\geq 0$$

$$\Longleftrightarrow \quad 4a^2-15\leq 0$$

$$\Longleftrightarrow \quad -\frac{\sqrt{15}}{2} \leq a \leq \frac{\sqrt{15}}{2} \quad 答$$

だ円を描く

本章で扱っている「だ円」の図を，コンパスも定規も使わずにフリーハンドで描くにはどうすればいいでしょうか。正解は…

1. 2本のピンを立てる。
2. 輪にした紐をピンに掛ける。
3. 紐に筆記具を引っ掛け，紐がたるまないように動かす。

これできれいなだ円を描けます。これはだ円の定義である**「平面上の2定点から距離の和が一定となる点の集合から作られる曲線」**を利用した描き方で，ピンの位置が焦点にあたるわけです。もっともイラスト作成ソフトを使えば，より素早く簡単に正確なだ円を描けるわけで，本問題集のグラフや図もそうして作られています。文明の利器の力は偉大ですね(笑)。

Point

▶ 単位円の拡大

単位円 $x^2+y^2=1$ を x 軸方向に a 倍，y 軸方向に b 倍に拡大したのがだ円 $\left(\dfrac{x}{a}\right)^2+\left(\dfrac{y}{b}\right)^2=1 \Leftrightarrow \dfrac{x^2}{a^2}+\dfrac{y^2}{b^2}=1$

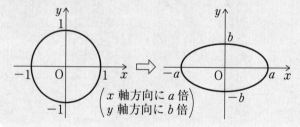

$$\begin{pmatrix} x \text{ 軸方向に } a \text{ 倍} \\ y \text{ 軸方向に } b \text{ 倍} \end{pmatrix}$$

2-10　中点の軌跡

点 $(1, 0)$ を通り，傾き m の直線と楕円 $x^2+4y^2=4$ の2つの共有点の中点を $M(X, Y)$ とおく。X, Y を m を用いて表せ。また，m が実数全体を動くとき，Y のとり得る値の範囲を求めよ。

解答目安時間　7分　　難易度 ▶▶▶▶▷

解答

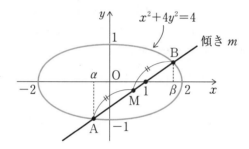

$(1, 0)$ を通り，傾き m の直線 $y=m(x-1)$ と $x^2+4y^2=4$ の交点を A，B とすると A，B の x は連立をして

$$x^2+4\{m(x-1)\}^2=4$$

$$\iff (1+4m^2)x^2-8m^2x+4m^2-4=0$$

この $x=\alpha, \beta$ が A，B の x 座標となるので，2点 A，B の中点 M の x 座標は

$$x=\frac{\alpha+\beta}{2}=\frac{1}{2}\cdot\frac{8m^2}{1+4m^2}\ \ (\text{解と係数の関係より})$$

$$=\frac{4m^2}{1+4m^2}\ \ (=X)\ \ \text{答}$$

M の y 座標は

$$y = m(x-1)$$
$$= m(X-1)$$
$$= m\left(\frac{4m^2}{1+4m^2}-1\right) = \frac{-m}{1+4m^2} \quad (=Y) \quad \boxed{答}$$

ここで，$x^2+4y^2=4$ を y 軸方向に 2 倍に拡大した円 $x^2+y^2=4$ を考える。

P$(1,\ 0)$ として P を通る直線と $x^2+y^2=4$ との 2 交点を A，B とすると，△OAB は二等辺三角形となり，AB 上の中点 M において常に ∠OMA＝∠OMB＝90° が成り立つ。

すなわち，∠OMP＝90° となるので，円周角の定理より，M は OP を直径とする円を描く。

このときの M は，$\left(x-\dfrac{1}{2}\right)^2+y^2=\dfrac{1}{4}$

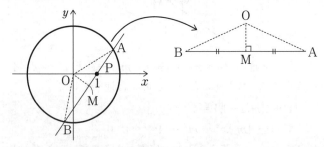

よって，この円を y 軸方向に $\dfrac{1}{2}$ 倍に縮小して

$$\left(x-\frac{1}{2}\right)^2+\left\{\frac{y}{\left(\frac{1}{2}\right)}\right\}^2=\frac{1}{4}$$

$$\Longleftrightarrow \quad \left(x-\frac{1}{2}\right)^2+4y^2=\frac{1}{4}$$

$$\Leftrightarrow \quad \frac{\left(x-\dfrac{1}{2}\right)^2}{\left(\dfrac{1}{4}\right)}+\frac{y^2}{\left(\dfrac{1}{16}\right)}=1$$

したがってこのだ円の y の取り得る範囲は，

$$-\frac{1}{4}\le y\le \frac{1}{4}$$

よって，$-\dfrac{1}{4}\le Y\le \dfrac{1}{4}$　答

参考

$Y=\dfrac{-m}{1+4m^2}=f(m)$ とおくと

$$f'(m)=\frac{4m^2-1}{(1+4m^2)^2}$$

m	$(-\infty)$	$\cdots$	$-1/2$	$\cdots$	$1/2$	$\cdots$	(∞)
$f'(m)$		$+$	0	$-$	0	$+$	
$f(m)$	(0)	$\nearrow$	$\dfrac{1}{4}$	$\searrow$	$-\dfrac{1}{4}$	$\nearrow$	(0)

上の増減表から，$-\dfrac{1}{4}\le Y\le \dfrac{1}{4}$　答

《注》　これは第5章の微分法を用いた解法である。

Point

▶ 2次曲線と直線が2交点をもち，この2交点の中点
の軌跡を求めるときには，2交点の x 座標を $x=\alpha$,
β とおき，2次方程式の解と係数の関係を使う。

双曲線：$4x^2-y^2+2y-5=0$ の焦点および漸近線の方程式を求めよ。

（解答目安時間） 4分   （難易度）▶▶▷▷▷

解 答

$4x^2-y^2+2y-5=0$

$\Leftrightarrow \quad 4x^2-(y-1)^2=4 \quad \cdots①$

$\Leftrightarrow \quad x^2-\dfrac{(y-1)^2}{4}=1$

よって，漸近線は，

$y-1=\pm 2x \quad \Leftrightarrow \quad \begin{cases} \boldsymbol{2x-y+1=0} \\ \boldsymbol{2x+y-1=0} \end{cases}$ 答

また①の両辺を 4 で割ると，$\dfrac{x^2}{1}-\dfrac{(y-1)^2}{4}=1 \quad \cdots②$

ところで②は，$\dfrac{x^2}{1}-\dfrac{y^2}{4}=1 \quad \cdots③$を y 軸方向に $+1$ 平行移動したものである。

③の焦点は，$(\pm\sqrt{1+4},\ 0)=(\pm\sqrt{5},\ 0)$ より，

①つまり②の焦点は，$(\pm\boldsymbol{\sqrt{5}},\ \boldsymbol{1})$ 答

別解

①を因数分解して

$4x^2-(y-1)^2=4$

$\Leftrightarrow \quad (2x+y-1)(2x-y+1)=4$

$\Leftrightarrow \quad \left(\dfrac{1}{2}x+\dfrac{y-1}{4}\right)\left(\dfrac{1}{2}x-\dfrac{y-1}{4}\right)=1$

乗法公式
$A^2-B^2=(A+B)(A-B)$
を用いた。

よって漸近線は,

$$\frac{1}{2}x \pm \frac{y-1}{4} = 0$$

$$\begin{cases} 2x - y + 1 = 0 \\ 2x + y - 1 = 0 \end{cases}$$ 答

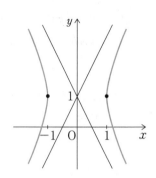

Point

▶ 双曲線①

双曲線 $\dfrac{x^2}{a^2} - \dfrac{y^2}{b^2} = 1$ $(a > 0,\ b > 0)$ の漸近線と焦点

漸近線 $y = \pm \dfrac{b}{a}x$ $\left(\dfrac{x}{a} \pm \dfrac{y}{b} = 0 \right)$

焦点 $\left(\pm \sqrt{a^2 + b^2},\ 0 \right)$

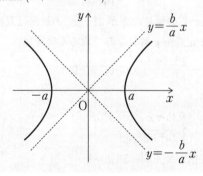

次の双曲線の方程式を求めよ。

(1) 2点 $(5, 0)$, $(-5, 0)$ からの距離の差が 6 である
    点の軌跡。

(2) 2点 $(0, 2)$, $(0, -2)$ からの距離の差が 2 である
    点の軌跡。

解答目安時間 4分   難易度 ▶▶◁◁◁

解　答

(1) 2定点からの距離の差が 6（一定）の軌跡は双曲線。

この 2 定点が x 軸上なので求める軌跡は

$$\frac{x^2}{a^2} - \frac{y^2}{b^2} = 1 \quad (a>0, \ b>0)$$

とおける。

よって, $\begin{cases} 2a=6 \\ \sqrt{a^2+b^2}=5 \end{cases}$

これを解いて, $a=3$, $b=4$

求める軌跡は, $\dfrac{x^2}{9} - \dfrac{y^2}{16} = 1$ 答

(2) 2定点からの距離の差が 2（一定）の軌跡は双曲線。

この 2 定点が y 軸上なので求める軌跡は

$$\frac{x^2}{a^2} - \frac{y^2}{b^2} = -1 \quad (a>0, \ b>0)$$

とおける。

よって, $\begin{cases} 2b=2 \\ \sqrt{a^2+b^2}=2 \end{cases}$

これを解いて, $a^2=3$, $b=1$

求める軌跡は,

$$\frac{x^2}{3} - \frac{y^2}{1} = -1 \iff y^2 - \frac{x^2}{3} = 1 \quad \boxed{答}$$

《注》 2定点からの距離の差が一定値 d の曲線は,2頂点間距離が d の双曲線になります。

Point

▶ 双曲線②

双曲線 $\dfrac{x^2}{a^2} - \dfrac{y^2}{b^2} = -1$ $(a>0,\ b>0)$ の漸近線と焦点

漸近線 $y = \pm\dfrac{b}{a}x$ $\left(\dfrac{x}{a} \pm \dfrac{y}{b} = 0\right)$

焦点 $\left(0,\ \pm\sqrt{a^2+b^2}\right)$

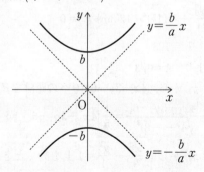

2-13 双曲線と直線

(1) 直線 $4x - 3y = k$（ただし，k は正の実数）が双曲線 $C : \dfrac{x^2}{9} - \dfrac{y^2}{4} = 1$ に接するとき，k の値を求めよ。

(2) C 上の点 $P(x_1, \ y_1)$ と直線 $l : 4x - 3y = 6$ の距離 d を $x_1, \ y_1$ を用いて表せ。また，P が $x_1 > 0$ を満たしながら C 上を動くとき，d の最小値を求めよ。

解答目安時間 5分　　難易度 ◗◗◗◗◗

解答

(1)
$$\begin{cases} 4x - 3y = k \iff y = \dfrac{1}{3}(4x - k) & \cdots ① \\[2mm] \dfrac{x^2}{9} - \dfrac{y^2}{4} = 1 \iff 4x^2 - 9y^2 = 36 & \cdots ② \end{cases}$$

①を②に代入して

$$4x^2 - 9 \cdot \dfrac{1}{9}(4x - k)^2 = 36$$

$$\iff 12x^2 - 8kx + 36 + k^2 = 0$$

これが重解をもつので

$$\frac{判別式}{4} = (4k)^2 - 12(36 + k^2) = 0$$

$$\iff k^2 = 108$$

$k > 0$ より，$k = \mathbf{6\sqrt{3}}$　答

(2) $P(x_1, \ y_1)$ から，$4x - 3y - 6 = 0$ への距離を d とすると

$$d = \frac{|4x_1 - 3y_1 - 6|}{\sqrt{4^2 + (-3)^2}} = \mathbf{\frac{1}{5}|4x_1 - 3y_1 - 6|}　答$$

$P(x_1, \ y_1)$ が $C : \dfrac{x^2}{9} - \dfrac{y^2}{4} = 1$ 上を動くとき d が最小

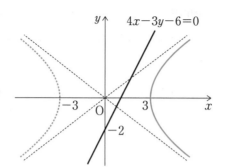

となるのは，P_0 における接線が $l:4x-3y-6=0$ に平行なとき。よって(1)より，

$$k=6\sqrt{3}$$

したがって，d の最小値は

$$\frac{1}{5}(6\sqrt{3}-6)$$ 答

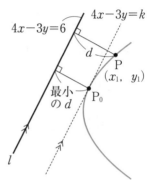

Point

▶ 双曲線 $\dfrac{x^2}{a^2}-\dfrac{y^2}{b^2}=1$ と直線が接するとき，連立して得られる 2 次方程式が重解をもつので判別式$=0$

▶ 曲線上の点から定直線への距離の最小を求めるとき定直線に平行な直線を考えると良い。

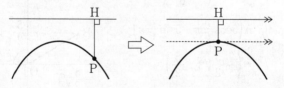

2点 A, B が極座標で次のように与えられていると
き, AB の距離を求めよ。

(1) A$(2, 0)$, B$\left(3, \dfrac{\pi}{3}\right)$ (2) A$\left(8, \dfrac{\pi}{2}\right)$, B$\left(5, \dfrac{5\pi}{6}\right)$

解答目安時間 3分　難易度 ▶▶▷▷▷

解答

(1) A$(r, \theta)=(2, 0)$ は直交座標で,
A$(2\cos 0, 2\sin 0)=(2, 0)$

B$(r, \theta)=\left(3, \dfrac{\pi}{3}\right)$ は直交座標で,

B$\left(3\cos\dfrac{\pi}{3}, 3\sin\dfrac{\pi}{3}\right)$

$=\left(\dfrac{3}{2}, \dfrac{3\sqrt{3}}{2}\right)$

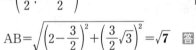

AB$=\sqrt{\left(2-\dfrac{3}{2}\right)^2+\left(\dfrac{3}{2}\sqrt{3}\right)^2}=\sqrt{7}$ 答

(2) A$(r, \theta)=\left(8, \dfrac{\pi}{2}\right)$ は直交座標で,

A$\left(8\cos\dfrac{\pi}{2}, 8\sin\dfrac{\pi}{2}\right)=(0, 8)$

B$(r, \theta)=\left(5, \dfrac{5}{6}\pi\right)$ は直交座標で,

A$\left(5\cos\dfrac{5}{6}\pi, 5\sin\dfrac{5}{6}\pi\right)$

$=\left(-\dfrac{5}{2}\sqrt{3}, \dfrac{5}{2}\right)$

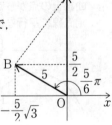

$$\mathrm{AB}=\sqrt{\left(\frac{5}{2}\sqrt{3}\right)^2+\left(8-\frac{5}{2}\right)^2}=7 \quad \text{答}$$

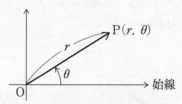

Point

▶ 極座標

回転の中心 O を極として，始線から角 θ，O からの距離を r とするときこの点 P を極座標 (r, θ) と表す。この点 P を直交座標で表すと $\mathrm{P}(r\cos\theta, r\sin\theta)$ と書ける。

極方程式 $r=\sqrt{3}\cos\theta+\sin\theta$ は円を表すことを示し，その中心の座標および半径を求めよ。

解答目安時間 2分　難易度 ▶▷▷▷▷

解 答

$r=\sqrt{3}\cos\theta+\sin\theta$ の両辺を $r\ (>0)$ 倍して

$$r^2=\sqrt{3}\,r\cos\theta+r\sin\theta$$

極座標から直交座標に変換すると上式は，

$$x^2+y^2=\sqrt{3}\,x+y$$

$$\Leftrightarrow\quad \left(x-\frac{\sqrt{3}}{2}\right)^2+\left(y-\frac{1}{2}\right)^2=1$$

中心 $\left(\dfrac{\sqrt{3}}{2},\ \dfrac{1}{2}\right)$, **半径 1 の円**　答

Point

▶ 極方程式

O を極(回転の中心)，x 軸を始線とするとき，直交座標 $\mathbf{P}(x,\ y)$ は $\mathbf{OP}=r$ すると，

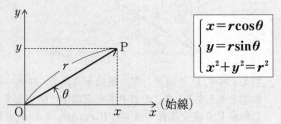

$$\begin{cases} x=r\cos\theta \\ y=r\sin\theta \\ x^2+y^2=r^2 \end{cases}$$

となる。この r と θ で表された式を極方程式という。

2-16 複素数平面と2次曲線

0でない複素数 z に対して，$w = z + \dfrac{4}{z}$ とする。また，i は虚数単位とする。

(1) z の極形式を $z = r(\cos\theta + i\sin\theta)$ $(r > 0,$ $0 \leqq \theta < 2\pi)$ とし，w の実部を x，虚部を y とする。このとき，x と y を r と θ を用いてそれぞれ表せ。

(2) 複素数平面上で点 $P(z)$ が $|z| = 1$ を満たしながら動くとき，点 $Q(w)$ が描く図形を求め，複素数平面上に図示せよ。

(3) w が実数となるための z の条件を求め，その条件を満たす点 $P(z)$ の全体が表す図形を複素数平面上に図示せよ。

(4) 点 $P(z)$ が(3)の図形上を動くとする。点 $R(\alpha)$ が $|\alpha - (4 + 6i)| = 1$ を満たしながら動くとき，線分 PR の長さの最小値を求めよ。

解答目安時間 10分　　難易度 ▶▶▷▷▷

解答

(1) $z = r(\cos\theta + i\sin\theta)$ のとき

$$w = r(\cos\theta + i\sin\theta) + \frac{4}{r} \cdot \frac{1}{\cos\theta + i\sin\theta}$$

$$\left(（注）\quad \frac{1}{\cos\theta + i\sin\theta} = \cos\theta - i\sin\theta\right)$$

$$= r(\cos\theta + i\sin\theta) + \frac{4}{r}(\cos\theta - i\sin\theta)$$

$$= \left(r + \frac{4}{r}\right)\cos\theta + i\left(r - \frac{4}{r}\right)\sin\theta$$

したがって，$w = z + \dfrac{4}{z}$ より，

$$x = \left(r + \dfrac{4}{r}\right)\cos\theta, \quad y = \left(r - \dfrac{4}{r}\right)\sin\theta \quad 答$$

(2) $|z| = 1$，すなわち $r = 1$ であるから(1)より，

$$x = 5\cos\theta, \quad y = -3\sin\theta$$

$0 \leqq \theta < 2\pi$ で，$\cos\theta = \dfrac{x}{5}, \quad \sin\theta = -\dfrac{y}{3}$

$\cos^2\theta + \sin^2\theta = 1$ を用いて

$$\dfrac{x^2}{5^2} + \dfrac{y^2}{3^2} = 1$$

より，右図のだ円
となる。

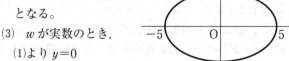

(3) w が実数のとき，

(1)より $y = 0$

よって，

$$\left(r - \dfrac{4}{r}\right) = 0, \quad または \quad \sin\theta = 0$$

(i) $r - \dfrac{4}{r} = 0$ のとき，$r^2 = 4$

$r > 0$ より $r = 2$ （⇐ $r = 2$，$0 \leqq \theta < 2\pi$）

このとき，z は原点中心，半径 2 の円上を動く。

(ii) $\sin\theta = 0$ のとき，$\theta = 0, \ \pi$ ⇐ r は $r > 0$ である実数

このとき，z は実軸上を動く（原点除く）。

よって，求める
図形は右図太線部
分（原点を除く）。

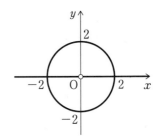

(4) α は実数平面に対応させて点 $(4, 6)$ を中心とし，半径 1 の円上を動く。

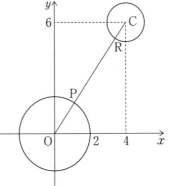

よって，P と R が右図の位置にあるとき線分 PR の長さは最小となる。

C $(4, 6)$ とすると

$$OC = \sqrt{4^2 + 6^2} = 2\sqrt{13}$$

であるから，求める最小値 PR は

$$OC - CR - OP = \boldsymbol{2\sqrt{13} - 3} \quad \boxed{\text{答}}$$

(3) 別解

w が実数であるから，$w=\bar{w}$

$$z+\frac{4}{z}=\bar{z}+\frac{4}{\bar{z}} \quad (z\neq0)$$

$$z-\bar{z}+4\left(\frac{1}{z}-\frac{1}{\bar{z}}\right)=0$$

$$z-\bar{z}+4\cdot\frac{\bar{z}-z}{z\bar{z}}=0$$

$$(z-\bar{z})\left(1-\frac{4}{z\bar{z}}\right)=0$$

よって，$z=\bar{z}$　または　$z\bar{z}=4$

すなわち，z は実数　または　$|z|=2$

$z\neq0$ に注意して解答の図を得る。

Point

▶ $w=x+yi$ が実数　$\Longrightarrow$　$y=0$

▶ $ab=0$ のとき，$a=0$ または $b=0$

> $a=0$ のとき b は任意
> $b=0$ のとき a は任意

となる。

第 3 章　極　　　限

3-1　三角関数の極限①

次の極限を求めよ。

(1) $\displaystyle\lim_{x\to 0}\frac{\tan x}{x}$ 　　(2) $\displaystyle\lim_{x\to 0}\frac{1-\cos x}{x^2}$

解答目安時間　1分　　難易度 ▶▷▷▷▷

解　答

(1) $\displaystyle\lim_{x\to 0}\frac{\tan x}{x}=\lim_{x\to 0}\frac{1}{\cos x}\cdot\frac{\sin x}{x}=\frac{1}{1}\cdot 1=\mathbf{1}$ 　答

(2) $\displaystyle\lim_{x\to 0}\frac{1-\cos x}{x^2}=\lim_{x\to 0}\frac{1-\cos x}{x^2}\cdot\frac{1+\cos x}{1+\cos x}$

$\displaystyle=\lim_{x\to 0}\left(\frac{\sin x}{x}\right)^2\cdot\frac{1}{1+\cos x}\quad(1-\cos^2 x=\sin^2 x\, \text{より})$

$\displaystyle=1^2\cdot\frac{1}{1+1}=\frac{\mathbf{1}}{\mathbf{2}}$ 　答

Point

▶ $\boxed{\displaystyle\lim_{\theta\to 0}\frac{\sin\theta}{\theta}=1\quad(\text{公式})}$

この公式は，$\displaystyle\lim_{f(\theta)\to 0}\frac{\sin(f(\theta))}{f(\theta)}=1$　としても成り立つ。

▶ 本問の(1)(2)も公式として扱うことが多い。

$$\lim_{\theta\to 0}\frac{\sin\theta}{\theta}=1,\ \lim_{\theta\to 0}\frac{1-\cos\theta}{\theta^2}=\frac{1}{2},\ \lim_{\theta\to 0}\frac{\tan\theta}{\theta}=1$$

この 3 つの式は途中経過の式として扱うときは証明なしに用いることができる。

次の極限値を求めよ。

(1) $\displaystyle\lim_{x\to\infty}x^2\left(1-\cos\frac{1}{x}\right)$　　(2) $\displaystyle\lim_{\theta\to 0}\frac{\sin\theta°}{\theta}$

解答目安時間 2分　　難易度 ▷▷▷▷

解答

(1) $\displaystyle\lim_{x\to\infty}x^2\left(1-\cos\frac{1}{x}\right)=L$ とおいて，$\dfrac{1}{x}=\theta$ とおけば，

$x\to\infty$ のとき，$\theta\to 0$ であるから

$\displaystyle L=\lim_{\theta\to 0}\frac{1}{\theta^2}(1-\cos\theta)$

　　$=\dfrac{1}{2}$　答

> 途中経過として使うときは公式として用いてよい

(2) $180°=\pi$（ラジアン）なので，$\theta°=\dfrac{\pi}{180}\theta$

よって，$\displaystyle\lim_{\theta\to 0}\frac{\sin\theta°}{\theta}=\lim_{\theta\to 0}\frac{\sin\dfrac{\pi}{180}\theta}{\theta}$

　　　　　　　$\displaystyle=\lim_{\theta\to 0}\frac{\sin\dfrac{\pi}{180}\theta}{\dfrac{\pi}{180}\theta}\cdot\frac{\dfrac{\pi}{180}\theta}{\theta}$

公式を作る　　調整

　　　　　　　$=\dfrac{\pi}{180}$　答

（補足）

$\lim_{\theta\to 0}\dfrac{1-\cos\theta}{\theta^2}=\dfrac{1}{2}$ の略証

$$\lim_{\theta\to 0}\frac{1-\cos\theta}{\theta^2}=\lim_{\theta\to 0}\frac{1-\cos\theta}{\theta^2}\cdot\frac{1+\cos\theta}{1+\cos\theta}\quad\left(\begin{array}{c}1+\cos\theta\\ \text{で倍分}\end{array}\right)$$

$$=\lim_{\theta\to 0}\left(\frac{\sin\theta}{\theta}\right)^2\cdot\frac{1}{1+\cos\theta}$$

$$=1^2\times\frac{1}{1+1}=\frac{1}{2}$$

Point

▶ $\lim_{\theta\to 0}\dfrac{\sin\theta}{\theta}=1$ などの三角関数の極限の θ は，$\theta\to 0$

のため，$x\to\infty$ などの三角関数の極限は，$\dfrac{1}{x}=\theta$

とおいて $\theta\to 0$ を作る。

▶ $\boxed{\lim_{\theta\to 0}\dfrac{1-\cos\theta}{\theta^2}=\dfrac{1}{2}}$ は公式として使える。

▶ $\boxed{\lim_{\theta\to 0}\dfrac{\sin\theta}{\theta}=1}$ の $\theta\to 0$ の θ は弧度法であるから，

度数表示は弧度法に直すこと。

$180°=\pi$（ラジアン）から，$1°=\dfrac{\pi}{180}$ より，$\theta°=\dfrac{\pi}{180}\theta$

▶ ラジアンは無単位として扱うことができる。

次の極限値を求めよ。

(1) $\displaystyle\lim_{x\to\infty}\left(\sqrt{x^2+3x}-x\right)$ (2) $\displaystyle\lim_{x\to-1}\frac{x^5+1}{\sqrt[3]{x}+1}$

解答目安時間 3分   難易度 ▮▮▯▯▯

解 答

(1) $\displaystyle\lim_{x\to\infty}\left(\sqrt{x^2+3x}-x\right)$

$=\displaystyle\lim_{x\to\infty}\sqrt{x}\left(\sqrt{x+3}-\sqrt{x}\right)$ $(x\to\infty$ なので $x>0)$

$=\displaystyle\lim_{x\to\infty}\sqrt{x}\cdot\frac{\sqrt{x+3}-\sqrt{x}}{1}\cdot\frac{\sqrt{x+3}+\sqrt{x}}{\sqrt{x+3}+\sqrt{x}}$ (分子の有理化)

$=\displaystyle\lim_{x\to\infty}\frac{\sqrt{x}}{\sqrt{x+3}+\sqrt{x}}\cdot\frac{(x+3)-x}{1}$ $\Big\rangle$ $\sqrt{x}$ で約分

$=\displaystyle\lim_{x\to\infty}\frac{1}{\sqrt{1+\dfrac{3}{x}}+1}\cdot3$

$=\dfrac{3}{2}$ 答 $\left(\displaystyle\lim_{x\to\infty}\dfrac{3}{x}=0\right.$ より$\left.\right)$

(2)　$L = \lim_{x \to -1} \dfrac{x^5+1}{\sqrt[3]{x}+1}$ とおいて，$\sqrt[3]{x}=t$ とおけば，$x=t^3$

よって，$x \to -1$ のとき，$t \to -1$ となるので

$$L = \lim_{t \to -1} \dfrac{\left(t^3\right)^5+1}{t+1} = \lim_{t \to -1} \dfrac{t^{15}+1}{t+1}$$

$$= \lim_{t \to -1} \dfrac{(t+1)(t^{14}-t^{13}+t^{12}-t^{11}+\cdots+t^2-t+1)}{t+1}$$

$$= \lim_{t \to -1}(t^{14}-t^{13}+t^{12}-t^{11}+\cdots+t^2-t+1)$$

$$= 15 \quad \boxed{答}$$

Point

▶ 不定形の極限の **4** タイプ（目安）

タイプ **1** $\dfrac{0}{0}$ 型	→	因数分解を使うか 公式 $\left(\lim_{\theta \to 0} \dfrac{\sin\theta}{\theta}=1\right)$ などを使う
タイプ **2** $\dfrac{\infty}{\infty}$ 型	→	分母の最大次数の項で約分
タイプ **3** $\infty-\infty$ 型	→	因数分解または有理化
タイプ **4** $0 \times \infty$ 型	→	はさみうちの原理を使う ために不等式を使う

▶ "$\sqrt{x}$ を含む極限は，"$\sqrt[n]{x}=t$ とおきかえて $x=t^n$"
　 として計算するとよい

次の極限値を求めよ。

$$\lim_{x \to -\infty} \left(\sqrt{x^2+4x}+x\right)$$

解答目安時間 2分　　難易度

解　答

$L = \lim\limits_{x \to -\infty} \left(\sqrt{x^2+4x}+x\right)$ とおいて，$x=-t$ とおけば，

$x \to -\infty$ のとき，$t \to \infty$ である。

このとき，

$$L = \lim_{t \to \infty} \left(\sqrt{(-t)^2-4t}-t\right)$$

$$= \lim_{t \to \infty} \sqrt{t} \left(\sqrt{t-4}-\sqrt{t}\right) \quad (t>0 \text{ より})$$

$$= \lim_{t \to \infty} \sqrt{t} \cdot \frac{\sqrt{t-4}-\sqrt{t}}{1} \cdot \frac{\sqrt{t-4}+\sqrt{t}}{\sqrt{t-4}+\sqrt{t}}$$

$$= \lim_{t \to \infty} \sqrt{t} \cdot \frac{(t-4)-t}{\sqrt{t-4}+\sqrt{t}}$$

$$= \lim_{t \to \infty} -\frac{4\sqrt{t}}{\sqrt{t-4}+\sqrt{t}}$$

$\left.\right\}$ $\sqrt{t}>0$ で約分

$$= \lim_{t \to \infty} -\frac{4}{\sqrt{1-\dfrac{4}{t}}+1}$$

$$= -\frac{4}{2} = \boldsymbol{-2} \quad 答 \quad \left(\lim_{t \to \infty} \frac{4}{t}=0 \text{ より}\right)$$

補足

本問をダイレクトに解くと

$$\lim_{x \to -\infty} \left(\sqrt{x^2+4x} + x \right)$$

$$= \lim_{x \to -\infty} \frac{\sqrt{x^2+4x} + x}{1} \cdot \frac{\sqrt{x^2+4x} - x}{\sqrt{x^2+4x} - x}$$

$$= \lim_{x \to -\infty} \frac{(x^2+4x) - x^2}{\sqrt{x^2+4x} - x}$$

$$= \lim_{x \to -\infty} \frac{4x}{\sqrt{x^2+4x} - x}$$

$$= \lim_{x \to -\infty} -\frac{4}{\sqrt{1 + \dfrac{4}{x}} + 1}$$

（$x < 0$ に注意して $\sqrt{x^2} = |x| = -x$ で約分）

$$= -\frac{4}{2} = -2 \quad \boxed{答}$$

Point

▶ $\lim\limits_{x \to -\infty} f(x)$ を求めるときは, $x = -t$ とおいて $\lim\limits_{x \to -\infty} f(x)$ $= \lim\limits_{t \to \infty} f(-t)$ として求める。

これは $\sqrt{x^2} = |x|$ であることなどから符号のミスをなくすため。

$f(x) = \dfrac{2}{3}x^3 + 7x^2$ とおくとき,

極限 $\displaystyle\lim_{n\to\infty}\left\{\dfrac{5}{2}n - \sum_{k=1}^{n}f\left(\dfrac{k}{n}\right)\right\}$ を求めよ。

解答目安時間 3分　　　難易度 ▶▶▷▷▷

解　答

$$\sum_{k=1}^{n}f\left(\frac{k}{n}\right) = \sum_{k=1}^{n}\left\{\frac{2}{3}\left(\frac{k}{n}\right)^3 + 7\left(\frac{k}{n}\right)^2\right\}$$

$$= \frac{2}{3n^3}\sum_{k=1}^{n}k^3 + \frac{7}{n^2}\sum_{k=1}^{n}k^2$$

$$= \frac{2}{3n^3}\left\{\frac{1}{2}n(n+1)\right\}^2 + \frac{7}{n^2}\cdot\frac{1}{6}n(n+1)(2n+1)$$

$$= \frac{(n+1)^2 + 7(n+1)(2n+1)}{6n}$$

$$= \frac{(n+1)\{(n+1) + 7(2n+1)\}}{6n}$$

$$= \frac{(n+1)(15n+8)}{6n}$$

よって,

$$\frac{5}{2}n - \sum_{k=1}^{n}f\left(\frac{k}{n}\right) = \frac{5}{2}n - \frac{(n+1)(15n+8)}{6n}$$

$$= -\frac{23n+8}{6n}$$

したがって,

$$\lim_{n\to\infty}\left\{\frac{5}{2}n - \sum_{k=1}^{n}f\left(\frac{k}{n}\right)\right\} = \lim_{n\to\infty}\left(-\frac{23n+8}{6n}\right)$$

$$=\lim_{n\to\infty}\left(-\frac{23}{6}-\frac{4}{3n}\right)$$

$$=-\frac{23}{6}\quad 答$$

Point

▶ $$\boxed{\lim_{n\to\infty}\frac{1}{n}\sum_{k=1}^{n}f\left(\frac{k}{n}\right)=\int_{0}^{1}f(x)dx}$$

を区分求積法というが，（「積分」の章で後述）
本問は，それとは異なる。

▶ $\sum\limits_{k=1}^{n}$ を含む式で，上記の区分求積法に変形できない
ときは，具体的にΣ記号を用いない式にする。

次の極限を求めよ。

(1) $\displaystyle\lim_{t \to \infty}(1+2t)^{\frac{1}{t}}$ (2) $\displaystyle\lim_{t \to \infty}\left(1-\frac{1}{t}\right)^{2t}$

(3) $\displaystyle\lim_{x \to -\infty}\left(1+\frac{1}{x}\right)^{x}$ (4) $\displaystyle\lim_{x \to \infty}\left(\frac{x-1}{x+1}\right)^{x}$

〔解答目安時間〕4 分   〔難易度〕▷▷▷▷▷

解 答

(1) $\displaystyle\lim_{t \to \infty}(1+2t)^{\frac{1}{t}}$

$\displaystyle=\lim_{t \to \infty}\left\{(1+2t)^{\frac{1}{2t}}\right\}^{2}$ ← $\displaystyle\lim_{h \to 0}(1+h)^{\frac{1}{h}}=e$

$=e^{2}$ 答   の形を作る

(2) $\displaystyle\lim_{t \to \infty}\left(1-\frac{1}{t}\right)^{2t}$

$\displaystyle=\lim_{t \to \infty}\left[\left\{1+\left(-\frac{1}{t}\right)\right\}^{-t}\right]^{-2}$ ← $\displaystyle\lim_{h \to \pm\infty}\left(1+\frac{1}{h}\right)^{h}=e$

$=e^{-2}$ 答   の形を作る

(3) $\dfrac{1}{x}=t$ とおくと，$x \to -\infty$ のとき，$t \to 0$

よって，与式 $\displaystyle=\lim_{t \to 0}(1+t)^{\frac{1}{t}}=e$ 答

(4) $\displaystyle\lim_{x\to\infty}\left(\frac{x-1}{x+1}\right)^x=\lim_{x\to\infty}\left(1-\frac{2}{x+1}\right)^x$

ここで，$-\dfrac{2}{x+1}=t$ とおくと，$x\to\infty$ のとき，$t\to0$

また $x=-\dfrac{t+2}{t}$ であるから

与式 $=\displaystyle\lim_{t\to0}(1+t)^{-\frac{t+2}{t}}$

$\quad=\displaystyle\lim_{t\to0}\left\{(1+t)^{\frac{1}{t}}\right\}^{-(t+2)}=e^{-2}$ 　答

Point

《 e の定義》

▶ 高等学校の教科書では

$$\lim_{h\to0}(1+\!\overset{\triangle}{h}\,)^{\!\overset{\triangledown}{\frac{1}{h}}}=e=2.718\cdots$$

$\triangle$ と $\triangledown$ の関係に注意。

イメージではあるが，$(1+h)^{\frac{1}{h}}\xrightarrow[(h\to0)]{}(1+0)^\infty=e$ になる。

▶ $\displaystyle\lim_{h\to\pm\infty}\left(1+\!\overset{\triangle}{\frac{1}{h}}\,\right)^{\!\overset{\triangledown}{h}}=e=2.718\cdots$

これも公式として覚えておこう。

▶ 本問では指数の計算，$(a^m)^n=a^{mn}$ を使って式変形を行っている。

(1) 定数 a, b が等式 $\displaystyle\lim_{x\to3}\dfrac{ax-b\sqrt{x+1}}{x-3}=5$ をみたすとき，a，b の値を求めよ。

解答目安時間 3分   難易度

解 答

$\displaystyle\lim_{x\to3}\dfrac{ax-b\sqrt{x+1}}{x-3}=5$ は，分母 $\to0$ のとき極限値 5 が存在するので，分子 $\to0$ となる。よって，

$$\lim_{x\to3}(ax-b\sqrt{x+1})=0$$

$$3a-b\sqrt{3+1}=0 \iff a=\frac{2}{3}b \quad\cdots① \quad\leftarrow\text{必要条件}$$

このとき，与式 $=\displaystyle\lim_{x\to3}\dfrac{\dfrac{2}{3}bx-b\sqrt{x+1}}{x-3}$ $\leftarrow$ 十分性の確かめに入る

$$=b\cdot\lim_{x\to3}\frac{2x-3\sqrt{x+1}}{3(x-3)} \quad\leftarrow\frac{0}{0}\text{型}$$

$$=b\cdot\lim_{x\to3}\frac{2x-3\sqrt{x+1}}{3(x-3)}\cdot\frac{2x+3\sqrt{x+1}}{2x+3\sqrt{x+1}} \quad\leftarrow\text{分子の有理化}$$

$$=b\cdot\lim_{x\to3}\frac{(2x)^2-9(x+1)}{3(x-3)(2x+3\sqrt{x+1})}$$

$$=b\cdot\lim_{x\to3}\frac{(x-3)(4x+3)}{3(x-3)(2x+3\sqrt{x+1})}$$

$$=b\cdot\lim_{x\to3}\frac{4x+3}{3(2x+3\sqrt{x+1})}$$

$$=\frac{15}{36}b=5$$

よって，$b=12$　答

①より，$a=\dfrac{2}{3}b=8$　答

Point

▶ 分母→ 0 のとき，極限値が存在するのは
分子→ 0 ときである。（必要条件） $\Big\}$ (*)

上の例として，$\displaystyle\lim_{x\to1}\dfrac{x^2+k}{x-1}=3$ となる k の値を考え
ると

分母→ 0 のとき，極限値が存在するので，

分子→ 0, つまり，$1+k=0 \iff k=-1$（必要十分）

このとき与式$=\displaystyle\lim_{x\to1}\dfrac{x^2+k}{x-1}$ （十分性の確かめに入る）

$=\displaystyle\lim_{x\to1}\dfrac{x^2-1}{x-1}$

$=\displaystyle\lim_{x\to1}\dfrac{(x-1)(x+1)}{x-1}=2\ne3$

つまり，k は存在しない $\implies$ (*)は必要条件では
あるが十分性は
ない。

$\dfrac{0}{0}$ 型の極限の応用

正の定数 a, b が等式

$$\lim_{x \to 2} \dfrac{\sqrt{2x^2+ax+3}-(x+3)}{x-2} = \dfrac{1}{b} \text{ をみたすとき, } \dfrac{a}{b} \text{ の}$$

値を求めよ。

解答目安時間　3分　難易度 ▷▷▷▷▷

解　答

$\displaystyle\lim_{x \to 2} \dfrac{\sqrt{2x^2+ax+3}-(x+3)}{x-2} = \dfrac{1}{b}$ が存在するので分母→0

であることから, 分子→0 となる。よって,

$\displaystyle\lim_{x \to 2}(\sqrt{2x^2+ax+3}-(x+3))=0$

$\Leftrightarrow \quad \sqrt{2 \cdot 2^2+2a+3}-(2+3)=0$

$\Leftrightarrow \quad a=7 \quad \longleftarrow \left(\begin{array}{c}\text{必要条件} \\ \text{(前項目参照)}\end{array}\right)$

このとき与式 $\displaystyle= \lim_{x \to 2} \dfrac{\sqrt{2x^2+7x+3}-(x+3)}{x-2}$

$\left(\begin{array}{c}\text{十分性を確かめる} \\ \text{(前項目参照)}\end{array}\right)$

$\displaystyle= \lim_{x \to 2} \dfrac{\sqrt{2x^2+7x+3}-(x+3)}{x-2} \cdot \dfrac{\sqrt{2x^2+7x+3}+(x+3)}{\sqrt{2x^2+7x+3}+(x+3)}$

$\displaystyle= \lim_{x \to 2} \dfrac{(2x^2+7x+3)-(x+3)^2}{(x-2)(\sqrt{2x^2+7x+3}+x+3)}$

$\displaystyle= \lim_{x \to 2} \dfrac{(x-2)(x+3)}{(x-2)(\sqrt{2x^2+7x+3}+x+3)}$

$$= \frac{5}{10} = \frac{1}{2} = \frac{1}{b}$$ より， $b = 2$

よって， $\dfrac{a}{b} = \dfrac{\boldsymbol{7}}{\boldsymbol{2}}$ 　答

Point

▶ $\dfrac{0}{0}$ 型の極限において，未知の定数がある場合

| 分母 → **0** ならば，分子 → **0** |

を利用して定数を定める。

▶ 分母 → **0** となる数式を約分するため (本問では $x-2$)，分子の有理化を行い，分子を因数分解する。
　　　┗→(分子から$\sqrt{}$ をなくす)

$$\lim_{x \to \infty}\left(\sqrt{4x^2+1}-2x+3\right)$$ の値を求めよ。

また，$\lim_{x \to \infty}\left(\sqrt{4x^2-5x+4}-ax+b\right)=1$ がなりたつとき，

a，b の値を求めよ。

解答目安時間 4分　　難易度 ▶▶▷▷

解　答

$$\lim_{x \to \infty}\left(\sqrt{4x^2+1}-2x+3\right)　（∞−∞ 型の極限）$$

）分子の有理化

$$=\lim_{x \to \infty}\frac{\sqrt{4x^2+1}-(2x-3)}{1}\cdot\frac{\sqrt{4x^2+1}+(2x-3)}{\sqrt{4x^2+1}+(2x-3)}$$

$$=\lim_{x \to \infty}\frac{12x-8}{\sqrt{4x^2+1}+2x-3}$$

）$\dfrac{∞}{∞}$ 型の極限なので

$x>0$ で約分

$$=\lim_{x \to \infty}\frac{12-\dfrac{8}{x}}{\sqrt{4+\dfrac{1}{x^2}}+2-\dfrac{3}{x}}$$

$$=\frac{12}{2+2}=\mathbf{3}　\boxed{答}$$

$$\lim_{x \to \infty}\left(\sqrt{4x^2-5x+4}-ax+b\right)=1　（∞−∞ 型の極限）$$

$$左辺 =\lim_{x \to \infty}\frac{\sqrt{4x^2-5x+4}-(ax-b)}{1}$$

$$\cdot\frac{\sqrt{4x^2-5x+4}+(ax-b)}{\sqrt{4x^2-5x+4}+(ax-b)}　\longleftarrow（分子の有理化）$$

$$=\lim_{x\to\infty}\frac{(4-a^2)x^2+(-5+2ab)x+4-b^2}{\sqrt{4x^2-5x+4}+(ax-b)}$$

x で約分

$$=\lim_{x\to\infty}\frac{(4-a^2)x+(-5+2ab)+\dfrac{4-b^2}{x}}{\sqrt{4-\dfrac{5}{x}+\dfrac{4}{x^2}}+a-\dfrac{b}{x}}=L$$

として，この分母 $\to 2+a\neq 0$ かつ，この分子の x の係数 $4-a^2=0$ のとき，L は有限値になるので，$a=2$ 答

このとき，$L=\dfrac{-5+2ab}{2+a}=\dfrac{-5+4b}{4}=1$

これを解いて，$b=\dfrac{9}{4}$ 答

Point

▶ 分数関数の極限値が有限のとき，分母→有限値なら
ば，分子→有限値になる。

-10 $\displaystyle\lim_{\theta\to0}\frac{\sin\theta}{\theta}=1$

定数 a, b, c(ただし b, $c\neq0$)に対して $\displaystyle\lim_{x\to0}\frac{\sin ax}{bx}=2$

と $\displaystyle\lim_{x\to c}\frac{ax-c}{x^2-c^2}=3$ が成立するとき，a, b, c の値を求

めよ。

解答目安時間 2分　　　難易度 ▶▶▶▷▷

解 答

$\displaystyle\lim_{x\to0}\frac{\sin ax}{bx}=2$ の左辺を整理して

$$\lim_{x\to0}\frac{\sin ax}{ax}\cdot\frac{ax}{bx}=1\cdot\frac{a}{b}=\frac{a}{b}=2$$

$a=2b$　$\cdots$①

$\displaystyle\lim_{x\to c}\frac{ax-c}{x^2-c^2}=3$ の分母→0 のとき，極限値3が存在する

ので，分子→0，つまり $\displaystyle\lim_{x\to c}(ax-c)=0$ となる。よって，

$ac-c=0$　$\Longleftrightarrow$　$c(a-1)=0$

$c\neq0$ なので，$a=1$　答

①より，$b=\dfrac{1}{2}$　答

このとき，$\displaystyle\lim_{x\to c}\frac{ax-c}{x^2-c^2}=\lim_{x\to x}\frac{x-c}{(x+c)(x-c)}$

$$=\lim_{x\to c}\frac{1}{x+c}$$

$$=\frac{1}{2c}=3$$

よって，$c = \dfrac{1}{6}$ 答

Point

▶ $\displaystyle\lim_{\theta \to 0}\dfrac{\sin\theta}{\theta} = 1$ は，θ の部分が同じでなければならない。

▶ $\displaystyle\lim_{f(\theta) \to 0}\dfrac{\sin f(\theta)}{f(\theta)} = 1$ として式を変形する。

本問は a，b を実数として

$$\lim_{\theta \to 0}\dfrac{\sin a\theta}{b\theta} = \lim_{\theta \to 0}\dfrac{\sin a\theta}{a\theta} \times \dfrac{a\theta}{b\theta} = 1 \times \dfrac{a}{b} = \dfrac{a}{b}$$

と変形して求められる。

(1)　k は $0 < k < 1$ をみたす定数とし，e を自然対数の底とする。数列 $\{a_n\}$ を $a_1 = 1$，$a_n = e(a_{n-1})^k$（$n = 2, 3,$ ……）で定め，$b_n = \log a_n$ とおく。このとき，数列 $\{b_n\}$（$n = 2, 3,$ ……）をみたす漸化式と $\{a_n\}$ の一般項を求めよ。また，$\lim\limits_{n \to \infty} a_n = e^{1 + 2k + k^2}$ をみたすような k の値を求めよ。

　　　　解答目安時間　5分　　　　難易度 ▶▶▶▷▷

解答

$a_n = e(a_{n-1})^k$ の両辺の自然対数をとると　◀─（本文に指示あり）

$$\log a_n = \log e(a_{n-1})^k$$
$$= 1 + k \cdot \log a_{n-1}$$

よって，$b_n = \boldsymbol{k b_{n-1} + 1}$

$$\Leftrightarrow\ b_n - \frac{1}{1-k} = k\left(b_{n-1} - \frac{1}{1-k}\right)$$

これは $\left\{b_n - \dfrac{1}{1-k}\right\}$ が公比 k の等比数列を表わしているから，

$$b_n - \frac{1}{1-k} = \left(b_1 - \frac{1}{1-k}\right)k^{n-1}$$

$$\Leftrightarrow\ b_n = \frac{1}{1-k}(1 - k^{n-1})\ \ (b_1 = \log a_1 = \log 1 = 0\ より)$$

$$a_n = e^{b_n} = \boldsymbol{e^{\frac{1}{1-k}(1 - k^{n-1})}}\ \ \boxed{答}$$

$0 < k < 1$ なので，$\lim\limits_{n \to \infty} k^{n-1} = 0$

したがって，$\lim\limits_{n \to \infty} a_n = e^{\frac{1}{1-k}} = e^{1 + 2k + k^2}$ となるので

$$\frac{1}{1-k}=1+2k+k^2$$

$$\iff (k+1)^2(1-k)=1$$

$$\iff k(k^2+k-1)=0$$

$0<k<1$ から，$k=\dfrac{-1+\sqrt{5}}{2}$　答

Point

▶ 漸化式 $a_{n+1}=\{(a_n)^n$ を含む式$\}$ や
　$a_{n+1}=\{(a_n)^k$ を含む式$\}$ などは
　$\log a_n=b_n$ とおく。

▶ $a_{n+1}=pa_n+q$ 型（p，q は実数で $p\neq1$）
　$\lim\limits_{n\to\infty}a_n=\alpha$（収束した）と仮定して，$\alpha=p\alpha+q$

$$\begin{array}{r}a_{n+1}=pa_n+q\\-)\quad \alpha=p\alpha+q\\\hline a_{n+1}-\alpha=p(a_n-\alpha)\end{array}$$

と変形する（エクスプレス I・A・II・B・C 第 13
章問題 11 直線型漸化式の解法）。

第4章　無限級数

4-1　分数数列の無限級数

次の和を求めよ。

(1) $\displaystyle\sum_{k=1}^{\infty} \frac{1}{k(k+1)}$ 　　(2) $\displaystyle\sum_{k=1}^{\infty} \frac{1}{\sqrt{k}+\sqrt{k+1}}$

解答目安時間　3分　　難易度　◗◗◗◗◗

解　答

(1) $\displaystyle\sum_{k=1}^{\infty} \frac{1}{k(k+1)} = S$ として，部分和

$$S_N = \sum_{k=1}^{N} \frac{1}{k(k+1)}$$

を考える。

$$S_N = \sum_{k=1}^{N} \left(\frac{1}{k} - \frac{1}{k+1}\right)$$

$$= \left(\frac{1}{1} - \frac{1}{2}\right)$$

$$+ \left(\frac{1}{2} - \frac{1}{3}\right)$$

$$\vdots$$

$$+ \left(\frac{1}{N} - \frac{1}{N+1}\right)$$

$$= 1 - \frac{1}{N+1}$$

$$S = \lim_{N \to \infty} S_N = \lim_{N \to \infty} \left(1 - \frac{1}{N+1}\right) = \mathbf{1} \quad \boxed{答}$$

(2) $\displaystyle\sum_{k=1}^{\infty}\frac{1}{\sqrt{k}+\sqrt{k+1}}=S$ として，部分和

$$S_N=\sum_{k=1}^{N}\frac{1}{\sqrt{k}+\sqrt{k+1}}$$

を考える。

$$=\sum_{k=1}^{N}\frac{1}{\sqrt{k}+\sqrt{k+1}}\cdot\frac{\sqrt{k+1}-\sqrt{k}}{\sqrt{k+1}-\sqrt{k}}$$

$$=\sum_{k=1}^{N}(\sqrt{k+1}-\sqrt{k})$$

$$=(\sqrt{2}-\sqrt{1})$$

$$\quad+(\sqrt{3}-\sqrt{2})$$

$$\qquad\vdots$$

$$\quad+(\sqrt{N+1}-\sqrt{N})$$

$$=\sqrt{N+1}-1$$

よって，

$$S=\lim_{N\to\infty}S_N=\lim_{N\to\infty}(\sqrt{N+1}-1)=\infty \quad \boxed{答}$$

Point

▶ 無限級数 $=\displaystyle\lim_{N\to\infty}$（第 N 項までの部分和）

$$\boxed{\begin{array}{l}\text{無限級数}=\displaystyle\sum_{k=1}^{\infty}a_k=\lim_{N\to\infty}\sum_{k=1}^{N}a_k\\ \text{（第 }N\text{ 項までの部分和）}\end{array}}$$

ただし，無限級数が無限等比級数のときは，次の項
の公式を使う（次の項を参照）。

4-2 無限等比級数

次の和を求めよ。

(1) $\displaystyle\sum_{n=1}^{\infty}\left(\frac{1}{2}\right)^{n-1}$ (2) $10+1+0.1+0.01+\cdots$

解答目安時間 1分   難易度 ▶▷▷▷▷

解答

(1) $\displaystyle\sum_{n=1}^{\infty}\left(\frac{1}{2}\right)^{n-1}=1+\left(\frac{1}{2}\right)+\left(\frac{1}{2}\right)^2+\left(\frac{1}{2}\right)^3+\cdots=S$ とおくと,

これは公比 $\dfrac{1}{2}$ の無限等比級数で S は収束する。

$$S=\frac{1}{1-\dfrac{1}{2}}=\boldsymbol{2} \quad 答 \quad \left(公式 \ \frac{a_1}{1-r}\right)$$

(2) $10+1+0.1+0.01+\cdots=S$ とおくと,これは公比 $\dfrac{1}{10}$

の無限等比級数で S は収束する。

$$S=\frac{10}{1-\dfrac{1}{10}}=10\cdot\frac{10}{9}=\boldsymbol{\frac{100}{9}} \quad 答$$

Point

▶ 無限等比級数

$$a_1+a_1r+a_1r^2+a_1r^3+\cdots=S$$

これを初項 a_1,公比 r の無限等比級数という。
上の S は $a_1\neq0$ のとき $\underline{-1<r<1}$ に限り収束し

$$S=\frac{a_1}{1-r} \quad となる。$$

4-3　無限等比級数の収束条件

次の無限級数が収束するような x の範囲，およびそのときの和を求めよ。

$$\sin x + \sin^2 x + \sin^3 x + \cdots \quad (0 \leq x < 2\pi)$$

（解答目安時間）2分　　（難易度）▷▷▷▷▷

解　答

$S = \sin x + \sin^2 x + \sin^3 x + \cdots$ とおくと，S は初項 $\sin x$，公比 $\sin x$ の無限等比級数である。S が収束するのは以下の2通り

(i)　初項 $\sin x = 0$

(ii)　公比 $\sin x$ が $-1 < \sin x < 1$

(i)または(ii)を合わせて，$-1 < \sin x < 1$

$0 \leq x < 2\pi$ なので，収束する x の範囲は，

$$0 \leq x < \frac{\pi}{2} \quad \text{or} \quad \frac{\pi}{2} < x < \frac{3}{2}\pi \quad \text{or} \quad \frac{3}{2}\pi < x < 2\pi$$

求める和は，$\dfrac{\sin x}{1 - \sin x}$　答

Point

▶ 無限等比級数の収束条件

$$S = a_1 + a_1 r + a_1 r^2 + \cdots$$

この無限等比級数が収束するとき，和 S は

(i)　$a_1 = 0$ のとき，$S = 0$

(ii)　$a_1 \neq 0$ のとき，$S = \dfrac{a_1}{1-r}$

(i)と(ii)をまとめることのできる問題とそうでない問題があるので注意が必要（次の項参照）。

$y = f(x) = \displaystyle\sum_{n=0}^{\infty} \frac{x}{(1+x)^n}$ のグラフをかきなさい。

解答目安時間 5分　　難易度

解 答

$f(x) = \displaystyle\sum_{n=0}^{\infty} \frac{x}{(1+x)^n}$

$\qquad = x + \dfrac{x}{(1+x)} + \dfrac{x}{(1+x)^2} + \dfrac{x}{(1+x)^3} + \cdots$

これは初項 x，公比 $\dfrac{1}{1+x}$ の無限等比級数である。

これが収束するのは，

(i)　初項 $x = 0$

(ii)　公比 $\dfrac{1}{1+x}$ が，$-1 < \dfrac{1}{1+x} < 1$

(i)のとき，$f(x) = f(0) = 0$

(ii)のとき，両辺に $(1+x)^2 > 0$ をかけて

$\quad -(1+x)^2 < 1+x < (1+x)^2$

$\quad \Leftrightarrow \begin{cases} (1+x)^2 + (1+x) > 0 \\ (1+x)^2 - (1+x) > 0 \end{cases}$ かつ

$\quad \Leftrightarrow \begin{cases} (x+1)(x+2) > 0 \\ x(x+1) > 0 \end{cases}$ かつ

よって，$x < -2$，$0 < x$ のとき，

$\quad f(x) = \dfrac{x}{1 - \dfrac{1}{1+x}} = \dfrac{x(1+x)}{(1+x)-1} = x+1$

(i)(ii)まとめて $y=f(x)=\begin{cases} x+1 & (x<-2,\ 0<x) \\ 0 & (x=0) \end{cases}$

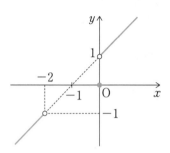

Point

▶ 無限等比級数で表される関数

① 無限等比級数で表される関数がグラフ化できるということは，その式自身が収束した形になっている。

② 収束していなければ，グラフにかけない。

③ 無限等比級数の収束条件は，

> (1)初項 $=0$ または
> (2)公比 r について $-1<r<1$

をみたすことである。これが定義域につながる。

$\displaystyle\sum_{n=1}^{\infty} \frac{6}{n(n+3)(n+6)}$ の値を求めよ。

解答目安時間　5分　　　　難易度 ▶▶▶▷▷

解　答

$\displaystyle\sum_{n=1}^{\infty} \frac{6}{n(n+3)(n+6)} = S$ として，S の部分和を

$$S_N = \sum_{n=1}^{N} \frac{6}{n(n+3)(n+6)}$$

とおくと，

$$\frac{6}{n(n+3)(n+6)} = \frac{(n+6)-n}{n(n+3)(n+6)} \quad \Big\rangle \text{差分をつくる}$$

$$= \left(\frac{1}{n(n+3)} - \frac{1}{(n+3)(n+6)} \right)$$

$$S_N = \sum_{n=1}^{N} \left(\frac{1}{n(n+3)} - \frac{1}{(n+3)(n+6)} \right)$$

$$= \left(\frac{1}{1\cdot4} - \frac{1}{4\cdot7} \right) + \left(\frac{1}{2\cdot5} - \frac{1}{5\cdot8} \right) + \left(\frac{1}{3\cdot6} - \frac{1}{6\cdot9} \right)$$

$$+ \left(\frac{1}{4\cdot7} - \frac{1}{7\cdot10} \right) + \left(\frac{1}{5\cdot8} - \frac{1}{8\cdot11} \right) + \left(\frac{1}{6\cdot9} - \frac{1}{9\cdot12} \right)$$

$$\vdots$$

$$+ \left(\frac{1}{(N-2)(N+1)} - \frac{1}{(N+1)(N+4)} \right)$$

$$+ \left(\frac{1}{(N-1)(N+2)} - \frac{1}{(N+2)(N+5)} \right)$$

$$+ \left(\frac{1}{N(N+3)} - \frac{1}{(N+3)(N+6)} \right)$$

$$= \frac{1}{1 \cdot 4} + \frac{1}{2 \cdot 5} + \frac{1}{3 \cdot 6} - \frac{1}{(N+1)(N+4)} - \frac{1}{(N+2)(N+5)}$$
$$- \frac{1}{(N+3)(N+6)}$$

よって,

$$S = \lim_{N \to \infty} S_N = \frac{1}{1 \cdot 4} + \frac{1}{2 \cdot 5} + \frac{1}{3 \cdot 6}$$

$$= \frac{1}{2} \left(\frac{1}{2} + \frac{1}{5} + \frac{1}{9} \right)$$

$$= \frac{1}{2} \cdot \frac{73}{90}$$

$$= \frac{73}{180} \quad \boxed{答}$$

Point

▶ 差分は部分分数分解の1つであり，$a < b$ として

$$\frac{1}{ab} = \frac{b-a}{ab} \times \frac{1}{b-a}$$
$$\underset{\text{約分を作る}}{\underbrace{\phantom{\frac{b-a}{ab}}}}$$

$$= \frac{1}{b-a} \left(\frac{1}{a} - \frac{1}{b} \right)$$

とできます。"約分を作る"ことがポイント。

2次方程式 $2x^2+5x+7=0$ の2つの解を α, β とするとき，$\displaystyle\sum_{n=1}^{\infty}\left(\frac{\alpha}{\beta}+\frac{\beta}{\alpha}\right)^n$ の値を求めよ。

解答目安時間 3分　　難易度 ▷▷▷▷▷

解 答

$2x^2+5x+7=0$ の解，$x=\alpha$, β について，解と係数の関係から，$\alpha+\beta=-\dfrac{5}{2}$, $\alpha\beta=\dfrac{7}{2}$

このとき，$\dfrac{\alpha}{\beta}+\dfrac{\beta}{\alpha}=\dfrac{\alpha^2+\beta^2}{\alpha\beta}$

$$=\dfrac{(\alpha+\beta)^2-2\alpha\beta}{\alpha\beta}$$

$$=\dfrac{\left(-\dfrac{5}{2}\right)^2}{\left(\dfrac{7}{2}\right)}-2$$

$$=-\dfrac{3}{14}$$

よって，与式は $\displaystyle\sum_{n=1}^{\infty}\left(\frac{\alpha}{\beta}+\frac{\beta}{\alpha}\right)^n=\sum_{n=1}^{\infty}\left(-\frac{3}{14}\right)^n$

$$=\left(-\frac{3}{14}\right)^1+\left(-\frac{3}{14}\right)^2$$

$$+\left(-\frac{3}{14}\right)^3+\cdots\cdots$$

これは，公比 $-\dfrac{3}{14}$ の無限等比級数であり収束する。

よって，$\displaystyle\sum_{n=1}^{\infty}\left(\dfrac{\alpha}{\beta}+\dfrac{\beta}{\alpha}\right)^n=\dfrac{-\dfrac{3}{14}}{1-\left(-\dfrac{3}{14}\right)}=\dfrac{\left(-\dfrac{3}{14}\right)}{\left(\dfrac{17}{14}\right)}$

$$=-\dfrac{3}{17} \quad \text{答}$$

Point

▶ **2次方程式 $ax^2+bx+c=0$ $(a\neq0)$ の解を $x=\alpha,\ \beta$ とすると**

$$\boxed{\alpha+\beta=-\dfrac{b}{a},\ \ \alpha\beta=\dfrac{c}{a}}\ \text{(解と係数の関係)}$$

▶ $\boxed{a_1+a_1r+a_1r^2+\cdots\cdots=\dfrac{a_1}{1-r}}\ \text{(無限等比数列の和)}$

（ただし，$-1<r<1$）

角 θ が $\tan\theta = \dfrac{8}{15}$ をみたすとき, $\displaystyle\sum_{n=1}^{\infty}|\cos\theta-\sin\theta|^n$ の

値を求めよ。

解答目安時間 2 分　　難易度 ◗◗◗▷▷

解 答

$|\cos\theta-\sin\theta|=|\cos\theta(1-\tan\theta)|$ ◀ $\left(\begin{array}{l}\tan\theta=\dfrac{8}{15}\ \text{を使い}\\ \text{たいので, }\tan\theta\ \text{を}\\ \text{作るために}\cos\theta\ \text{で}\\ \text{くくった}\end{array}\right)$

$(|ab|=|a||b|$　公式$)$

$=|\cos\theta||1-\tan\theta|$ …①

ここで $\tan^2\theta+1=\dfrac{1}{\cos^2\theta}$ なので,

$\left(\dfrac{8}{15}\right)^2+1=\dfrac{1}{\cos^2\theta}$ $\Leftrightarrow$ $\cos^2\theta=\dfrac{225}{289}=\left(\dfrac{15}{17}\right)^2$

よって, $\cos\theta=\pm\dfrac{15}{17}$

したがって①は,

$\left|\pm\dfrac{15}{17}\right|\left|1-\dfrac{8}{15}\right|=\dfrac{15}{17}\cdot\dfrac{7}{15}=\dfrac{7}{17}$

よって, 与式は, $\displaystyle\sum_{n=1}^{\infty}|\cos\theta-\sin\theta|^n=\sum_{n=1}^{\infty}\left(\dfrac{7}{17}\right)^n$

$=\left(\dfrac{7}{17}\right)^1+\left(\dfrac{7}{17}\right)^2+\left(\dfrac{7}{17}\right)^3+\cdots$ …②

これは，公比 $\dfrac{7}{17}$ の無限等比級数なので収束し，②は

$$\frac{\dfrac{7}{17}}{1-\dfrac{7}{17}}=\frac{7}{10} \quad \text{答}$$

Point

▶ $\sin^2\theta+\cos^2\theta=1$ の両辺を $\cos^2\theta$ でわると

$$\frac{\sin^2\theta}{\cos^2\theta}+1=\frac{1}{\cos^2\theta} \quad\Leftrightarrow\quad \boxed{\tan^2\theta+1=\frac{1}{\cos^2\theta}}$$

は公式。

▶ 無限等比級数の和の公式を使うときは，公比 r が $-1<r<1$ であることを明示すること。

$a_1=1$, $a_n=3a_{n-1}-9$ ($n\geqq2$) をみたす数列 $\{a_n\}$ がある。$b_n=a_{n+1}-a_n$ ($n\geqq1$) とおくとき、b_n を n の式で表せ。さらに a_n を n の式で表し、また、$\displaystyle\sum_{n=1}^{\infty}\frac{a_n}{9^n}$ の値を求めよ。

解答目安時間 5分 難易度

解 答

$a_n=3a_{n-1}-9$ ($n\geqq2$) …①

の $n \longrightarrow (n+1)$ として、

$a_{n+1}=3a_n-9$ ($n+1\geqq2$) …②

②－①：$a_{n+1}-a_n=3(a_n-a_{n-1})$

よって、$b_n=\boldsymbol{3b_{n-1}}$ 答

これは $\{b_n\}$ が公比 3 の等比数列を表す。

よって、$b_n=b_1\cdot3^{n-1}$ ($n\geqq1$)

したがって、$a_{n+1}-a_n=(a_2-a_1)\cdot3^{n-1}$

$\qquad\qquad\qquad=(3a_1-9-a_1)\cdot3^{n-1}$

$\qquad\qquad\qquad\qquad$ ($a_n=3a_{n-1}-9$ より)

$\qquad\qquad\qquad=-7\cdot3^{n-1}$

これは $\{a_n\}$ の階差数列を表すから、

$a_n=a_1+\displaystyle\sum_{k=1}^{n-1}(a_{k+1}-a_k)$ ($n\geqq2$)　(階差数列の公式)

$\qquad=1+\displaystyle\sum_{k=1}^{n-1}(-7\cdot3^{k-1})$

$\qquad=1-7\displaystyle\sum_{k=1}^{n-1}3^{k-1}$

$\qquad=1-7\cdot\dfrac{1(3^{n-1}-1)}{3-1}$

$$=1-\frac{7}{2}(3^{n-1}-1)$$

$$=\frac{9}{2}-\frac{7}{2}\cdot 3^{n-1} \quad \text{答}$$

これは $n=1$ のとき，$\frac{9}{2}-\frac{7}{2}\cdot 1=1$ となり，$a_2=1$ もみた

す。

このとき，$\displaystyle\sum_{n=1}^{\infty}\frac{a_n}{9^n}=\sum_{n=1}^{\infty}\left\{\frac{9}{2}\cdot\frac{1}{9^n}-\frac{7}{6}\cdot\left(\frac{3}{9}\right)^n\right\}$

$$=\frac{9}{2}\cdot\frac{\dfrac{1}{9}}{1-\dfrac{1}{9}}-\frac{7}{6}\cdot\frac{\dfrac{1}{3}}{1-\dfrac{1}{3}}$$

$$=\frac{9}{2}\cdot\frac{1}{8}-\frac{7}{6}\cdot\frac{1}{2}$$

$$=\frac{9}{16}-\frac{7}{12}=-\frac{1}{48} \quad \text{答}$$

Point

▶ $\{a_n\}$ の階差数列 $\{b_n\}$ について，$a_{n+1}-a_n=b_n$ であるから

$$a_n=a_1+\sum_{k=1}^{n-1}b_k \quad (n\geqq 2)$$

▶ 無限等比級数について

$$\boxed{\sum_{n=1}^{\infty}(a_n+b_n)=\sum_{n=1}^{\infty}a_n+\sum_{n=1}^{\infty}b_n}$$ が成り立つ。

第5章 微分法

5-1 微分の意味

a, b を定数とする 2 つの関数 $f(x)=(x-a)^2+b$,
$g(x)=\dfrac{1}{x}$ を考える。

$f(x)$, $g(x)$ およびこれらの導関数 $f'(x)$, $g'(x)$ は条件 $f(2)=g(2)$, $f'(2)=g'(2)$ をみたすとする。このとき, a, b の値を求めよ。また, 方程式 $f(x)=g(x)$ をみたす $x=2$ 以外の値を求めよ。

解答目安時間 4分　難易度 ▶▷▷▷▷

解 答

$f(x)=(x-a)^2+b$ の導関数は, $f'(x)=2(x-a)$

$g(x)=\dfrac{1}{x}=x^{-1}$ の導関数は, $g'(x)=-x^{-2}=-\dfrac{1}{x^2}$

これらを用いて

$f(2)=g(2)$ なので, $(2-a)^2+b=\dfrac{1}{2}$ ⋯①

$f'(2)=g'(2)$ なので, $2(2-a)=-\dfrac{1}{4}$ ⋯②

②より, $a=\dfrac{17}{8}$ 答

これを①へ代入して, $b=\dfrac{31}{64}$ 答

このとき, $f(x)=g(x)$ $\Leftrightarrow$ $\left(x-\dfrac{17}{8}\right)^2+\dfrac{31}{64}=\dfrac{1}{x}$

$\Leftrightarrow \quad x^2 - \dfrac{17}{4}x + \dfrac{289}{64} + \dfrac{31}{64} = \dfrac{1}{x}$

$\Leftrightarrow \quad 4x^3 - 17x^2 + 20x - 4 = 0$

$\Leftrightarrow \quad (x-2)^2(4x-1) = 0 \qquad \longleftarrow x=2$ で重解は自明

よって，$f(x) = g(x)$ をみたす $x=2$ 以外の解は

$x = \dfrac{1}{4}$ 答

Point

▶ 接線の傾き

本問において，$f(2) = g(2)$，$f'(2) = g'(2)$ が表すこと
は

$x=2$ のときの $\boxed{y \text{ 座標が同じ}}$ であり，

$x=2$ のときの $\boxed{\text{接線の傾きが等しい}}$

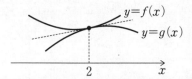

つまり，$x=2$ で $y=f(x)$ と $y=g(x)$ は接している。
よって，

$f(x) = g(x) \iff f(x) - g(x) = 0$

は $x=2$ を重解にもつことが自明である。

a, b を正の数とする。関数 $f(x)=\sqrt{x}$ に対して等式 $\dfrac{f(4a)-f(a)}{3a}=f'(b)$ が成り立つとき，b を a で表せ。

解答目安時間　2分　　難易度 ◗◗▷▷▷

解 答

$f(x)=\sqrt{x}=x^{\frac{1}{2}}$ の導関数は，

$$f'(x)=\frac{1}{2}x^{-\frac{1}{2}}=\frac{1}{2\sqrt{x}}$$

これを与式に代入すると，

$$\frac{\sqrt{4a}-\sqrt{a}}{3a}=\frac{1}{2\sqrt{b}} \quad \Leftrightarrow \quad \frac{\sqrt{a}}{3a}=\frac{1}{2\sqrt{b}}$$

これを解いて

$$\sqrt{b}=\frac{3}{2}\cdot\frac{a}{\sqrt{a}} \text{ より，} b=\frac{9}{4}a \quad \text{答}$$

Point

▶ $\boxed{(x^p)'=px^{p-1}(p：有理数)}$

《注》　p は無理数でも成り立つが，数Ⅲの教科書では有理数としている

5-3　合成関数の微分

関数 $f(x)$ が微分可能な偶関数のとき，
$f'(x)+f'(-x)$ の値を求めよ。また，$f'(0)$ の値を求めよ。

解答目安時間　2分　　難易度 ▶▶▷▷▷

解　答

$f(x)$ は偶関数なので，

$f(x)=f(-x)$

この両辺を x で微分すると，

$f'(x)=f'(-x)\cdot(-1)$

$\iff$　$f'(x)+f'(-x)=\mathbf{0}$　答

これに $x=0$ を代入して，$2f'(0)=0$ より，$f'(0)=\mathbf{0}$　答

Point

▶ 偶関数は y 軸対称となり
$$f(-x)=f(x)$$
をみたす。

▶ 合成関数の微分
$$\{f(g(x))\}'=f'(g(x))\cdot g'(x)$$

本問の場合，$(f(-x))'=f'(-x)\cdot(-x)'$
$\qquad\qquad\qquad =f'(-x)\cdot(-1)$

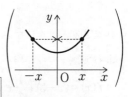

3次関数 $y = f(x)$ のグラフが，点 (1, 4) を変曲点とし，かつ，$x = 3$ で x 軸に接するとき，$f(x)$ を求めよ。

(解答目安時間) 2分　　(難易度) ▶▷▷▷▷

解 答

$y = f(x)$ は3次関数かつ $x = 3$ で x 軸で接するので，

$$f(x) = (x-3)^2(ax+b)$$
$$(a \neq 0) \quad \cdots ①$$

とおけて，ここで $f(1) = 4$ であるから，

変曲点 (1, 4)

$$4 = 4(a+b) \iff a+b = 1 \quad \cdots ②$$

ここで①を微分すると，

$$f'(x) = 2(x-3)(ax+b) + (x-3)^2 \cdot a$$

◀── 関数の積の微分公式

さらに $f''(x) = 2\{1 \cdot (ax+b) + (x-3) \cdot a\} + 2(x-3) \cdot a$ より，$f''(1) = 0$ であるから，

$$f''(1) = 2\{(a+b) - 2a\} - 4a = -6a + 2b = 0$$
$$\iff b = 3a$$

これと②から，$a = \dfrac{1}{4}$，$b = \dfrac{3}{4}$

よって，

$$f(x) = (x-3)^2 \left(\frac{1}{4}x + \frac{3}{4} \right) = \boldsymbol{\frac{1}{4}(x-3)^2(x+3)} \quad \text{答}$$

別解

$f(x)=ax^3+bx^2+cx+d$ $(a\neq0)$ とおくと，

$f(1)=4$，$f(3)=0$ なので，$\begin{cases} a+b+c+d=4 & \cdots① \\ 27a+9b+3c+d=0 & \cdots② \end{cases}$

$f'(x)=3ax^2+2bx+c$ より，$f'(3)=0$ なので

　　$27a+6b+c=0$　$\cdots③$

$f''(x)=6ax+2b$ より，$f''(1)=0$ なので

　　$6a+2b=0$　$\iff$　$b=-3a$　$\cdots④$

①②③④より，$(a,\ b,\ c,\ d)=\left(\dfrac{1}{4},\ -\dfrac{3}{4},\ -\dfrac{9}{4},\ \dfrac{27}{4}\right)$

よって，$f(x)=\dfrac{1}{4}(x^3-3x^2-9x+27)$　答

Point

▶ 変曲点

・$f''(x)=0$ の前後で $f''(x)$ の符号が変わるところを変曲点といい，接線の傾きが増加(減少)から減少(増加)に転じる点です。

これを簡単にイメージすると

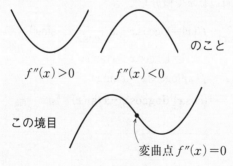

のこと

$f''(x)>0$　　$f''(x)<0$

この境目

変曲点 $f''(x)=0$

5-5 対数微分法

次の関数を微分せよ。

(1) $f(x) = x^{5x}$ $(x > 0)$ 　　　(2) $f(x) = (\cos x)^x$

(3) $f(x) = \displaystyle\int_a^x (x-t)g'(t)dt$

解答目安時間 4分 　　　難易度 ▶▶▷▷▷

解答

(1) $f(x) = x^{5x}$ の両辺に自然対数をとって,

$$\log f(x) = \log x^{5x}$$
$$= 5x\log x$$

この両辺を x で微分して

$$\frac{1}{f(x)} \cdot f'(x) = 5\left(1 \cdot \log x + x \cdot \frac{1}{x}\right) \quad \longleftarrow 5x \ と\ \log x$$
$$\qquad\qquad の積の微分$$
$$\Leftrightarrow f'(x) = 5f(x)(\log x + 1)$$
$$= \mathbf{5x^{5x}(\log x + 1)} \quad \boxed{答}$$

(2) $f(x) = (\cos x)^x$ の両辺に自然対数をとって,

$$\log f(x) = x\log\cos x$$

この両辺を x で微分して

$$\frac{1}{f(x)} \cdot f'(x) = \log\cos x + x \cdot \frac{1}{\cos x}(-\sin x)$$
$$= \log\cos x - x\tan x$$
$$f'(x) = f(x)(\log\cos x - x\tan x)$$
$$= \mathbf{(\cos x)^x(\log\cos x - x\tan x)} \quad \boxed{答}$$

(3) $\quad f(x)=\displaystyle\int_a^x (x-t)g'(t)dt$

$\qquad =x\displaystyle\int_a^x g'(t)dt-\int_a^x tg'(t)dt$

t で積分するので
t のみの式にする

t 以外は積分の外へ

$f'(x)=1\cdot\displaystyle\int_a^x g'(t)dt+xg'(x)-xg'(x)$ ← 積の微分公式

$\qquad =\big[g(t)\big]_a^x$

$\qquad =\boldsymbol{g(x)-g(a)}$ 答

Point

▶ 対数微分法

指数関数 $y=\{f(x)\}^x$ などや，複雑な積の関数の微分のときに用いる方法で，両辺の自然対数をとってから微分をする。

▶ 積分を含む式の微分

$$\left(\int_a^x f(t)dt\right)'=f(x) \quad (a：定数)$$
$$\left(\int_a^{g(x)} f(t)dt\right)'=f(g(x))\times g'(x) \quad (a：定数)$$

$(\sin x)' = \sin\left(x + \boxed{\text{ア}}\right)$ より, $(\sin x)^{(n)} = \sin\left(x + \boxed{\text{イ}}\right)$

である。ただし， $0 \leq \boxed{\text{ア}} < 2\pi$ である。

空欄を求めよ。

解答目安時間 3分 難易度 ▶▶▶▷▷

解 答

$(\sin x)' = \cos x$

$$= \sin\frac{\pi}{2} \cdot \cos x + \cos\frac{\pi}{2} \cdot \sin x$$

$$= \sin\left(x + \frac{\pi}{2}\right) \quad \cdots ①$$

また， $(\cos x)' = -\sin x$

$$= \sin(x + \pi) \quad \cdots ②$$

$(-\sin x)' = -\cos x$

$$= \sin\left(x + \frac{3}{2}\pi\right) \quad \cdots ③$$

$(-\cos x)' = \sin x$

$$= \sin(x + 2\pi) \quad \cdots ④$$

なので，①，②，③，④より，

$$(\sin x)^{(n)} = \sin\left(x + \frac{n}{2}\pi\right) \quad 答$$

《注》　厳密には数学的帰納法で証明する（⑤− 7 の《注》を参照）。

Point

▶ ライプニッツの定理

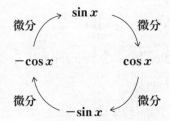

これをグラフでかくとわかりやすい（見やすくするためにグラフは一部にしています）。

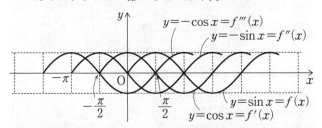

$y=\sin x$ を 1 回微分するごとにグラフは左へ $-\dfrac{\pi}{2}$ ずつずれる（x 軸方向に $-\dfrac{\pi}{2}$ 平行移動）。

関数 $f(x)=\sin 2x$ の第 n 次導関数の $x=0$ での値 $f^{(n)}(0)$ は正であるとする。ただし，n は自然数で不等式 $n^2-57n+810 \leqq 0$ をみたしている。このとき，n を求めよ，また，$\log_4 f^{(n)}(0)$ の値を求めよ。

解答目安時間 5分　　難易度 ▸▸▸▸▹

解答

$f(x)=\sin 2x$

$f'(x)=2\cos 2x=2\sin\left(2x+\dfrac{\pi}{2}\right)$

$f''(x)=2^2\cos\left(2x+\dfrac{\pi}{2}\right)=2^2\sin\left(2x+\dfrac{\pi}{2}\cdot 2\right)$

これをくり返して，

$f^{(n)}(x)=2^n\sin\left(2x+\dfrac{\pi}{2}n\right)$

ここで $f^{(n)}(0)=2^n\sin\left(\dfrac{\pi}{2}n\right)>0$ より，$\sin\dfrac{\pi}{2}n>0$

よって，$\dfrac{\pi}{2}n=\dfrac{\pi}{2},\ \dfrac{5}{2}\pi,\ \dfrac{9}{2}\pi,\ \cdots,\ \dfrac{4k-3}{2}\pi,\ \cdots$

すなわち，$n=4k-3$　（k は自然数）　…①

このとき，$n^2-57n+810\leqq 0$

$\Longleftrightarrow \quad (n-27)(n-30)\leqq 0$

$\Longleftrightarrow \quad 27\leqq n\leqq 30$

①をみたす n の値は，

$n=\mathbf{29}$　（$k=8$）

このとき $\log_4 f^{(n)}(0)$ の値は

$$\log_4 f^{(n)}(0) = \log_4 2^{29} = 29\log_4 2 = \frac{29}{2} \quad \boxed{\text{答}}$$

《注》　$f^{(n)}(x) = 2^n \sin\left(2x + \frac{\pi}{2}n\right)$ となることを数学的帰納法で証明する。

　　あるnでの成立を仮定すると

$$f^{(n+1)}(x) = 2^n \cos\left(2x + \frac{\pi}{2}n\right) \cdot 2$$

$$= 2^{n+1} \sin\left(2x + \frac{\pi}{2}n + \frac{\pi}{2}\right)$$

$$= 2^{n+1} \sin\left(2x + \frac{\pi}{2}(n+1)\right)$$

となり，$n+1$ でも成り立つ。$n=1$ での成立とあわせ，すべての自然数で

$$f^{(n)}(x) = 2^n \sin\left(2x + \frac{\pi}{2}n\right)$$

が成り立つ。

Point

▶ $y = \sin x$ の n 回微分

$$\boxed{y^{(n)} = \sin\left(x + \frac{\pi}{2} \cdot n\right)}$$

本問はこの応用である。

$f(x)=\dfrac{\sin 2x}{\sin^2 x}$ とする。$t=\sin x$ とおき，$f'(x)$ を t の

式として表せ。

解答目安時間 2分 難易度 ▶▶▷▷▷

解 答

$$f(x)=\frac{\sin 2x}{\sin^2 x}$$

$$=\frac{2\sin x\cdot\cos x}{\sin^2 x}$$

$$=\frac{2\cos x}{\sin x}$$

$$f'(x)=2\cdot\frac{-\sin x\cdot\sin x-\cos x\cdot\cos x}{\sin^2 x}$$

$$=2\left(-\frac{1}{\sin^2 x}\right)$$

$$=-\frac{2}{t^2}\quad \text{答}\quad (t=\sin x \text{ より})$$

Point

▶ 本問は $f(x)=2\dfrac{1}{\tan x}$ であるから

公式を用いて，$f'(x)=2\left(-\dfrac{1}{\sin^2 x}\right)$ としてもよい。

5-9　接線の公式

$y = \dfrac{1}{x}$ の接線のうち, $(3, -1)$ を通るものをすべて求めよ。

解答目安時間　2分　難易度 ▶▶▷▷▷

解　答

$y = \dfrac{1}{x}$ の導関数は, $y' = -\dfrac{1}{x^2}$

ここで接点を $\mathrm{T}\left(t, \dfrac{1}{t}\right)$ とおくと,

$y'_{x=t} = -\dfrac{1}{t^2}$（接線の傾き）

T における接線は

$y - \dfrac{1}{t} = -\dfrac{1}{t^2}(x - t) \iff y = -\dfrac{1}{t^2}x + \dfrac{2}{t} \cdots (\ast)$

これが $(3, -1)$ を通るので

$-1 = -\dfrac{1}{t^2} \cdot 3 + \dfrac{2}{t} \iff t^2 + 2t - 3 = 0$

$\iff (t+3)(t-1) = 0$

$t = -3 \ \text{or} \ 1$

これを $(\ast)$ へ代入して求める接線は

$\boldsymbol{y = -\dfrac{1}{9}x - \dfrac{2}{3}} \quad (t = -3)$ 答

$\boldsymbol{y = -x + 2} \quad (t = 1)$ 答

Point

曲線 $y = f(x)$ 上の点 $\mathrm{T}(t, f(t))$ における接線は

$$\boxed{y = f'(t)(x - t) + f(t)}$$

$y=(x+1)\sqrt{1-x^2}$ のグラフをかけ

解答目安時間 4分　　難易度 ▶▶▶▷▷

解答

$y=(x+1)\sqrt{1-x^2}$ の定義域は，$\sqrt{}$ 内について

$$1-x^2 \geqq 0 \quad \Leftrightarrow \quad -1 \leqq x \leqq 1 \quad \cdots ①$$

このとき，$y=(x+1)\sqrt{1-x^2}=(x+1)(1-x^2)^{\frac{1}{2}}$

$$y'=(1-x^2)^{\frac{1}{2}}+(x+1)\frac{1}{2}(1-x^2)^{-\frac{1}{2}}\cdot(-2x)$$

$$=\sqrt{1-x^2}-(x+1)\cdot\frac{x}{\sqrt{1-x^2}}$$

$$=\frac{(1-x^2)-(x+1)x}{\sqrt{1-x^2}}$$

$$=-\frac{(x+1)(2x-1)}{\sqrt{(1+x)(1-x)}}$$

$$=-\frac{\sqrt{x+1}(2x-1)}{\sqrt{1-x}}$$

x	-1	$\cdots$	$1/2$	$\cdots$	1
$f'(x)$	(0)	$+$	$-$	$-$	$(-\infty)$
$f(x)$	0	$\nearrow$	$\dfrac{3\sqrt{3}}{4}$	$\searrow$	0

上の増減表より，

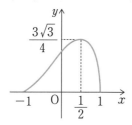

別解

$y=(x+1)\sqrt{(1-x^2)}$ を $y^2=(x+1)^2(1-x^2)$ として両辺を x で微分すると

$$2yy'=2(x+1)(1-x^2)+(x+1)^2\cdot(-2x)$$
$$=2(x+1)\{(1-x^2)-x(x+1)\}$$
$$=-2(x+1)(x+1)(2x-1)$$

よって，$y'=-\dfrac{1}{y}(x+1)^2(2x-1)$

$$=-\dfrac{(x+1)^2(2x-1)}{(x+1)\sqrt{1-x^2}}$$
$$=-\dfrac{\sqrt{x+1}\,(2x-1)}{\sqrt{1-x}}\ \text{も可}$$

Point

▶ 無理関数

$\sqrt{\ }$ を含む関数では定義域に注意。

定義域の両端は基本的には微分不可能なので増減表での値には（　）をつける。

$y = \dfrac{x}{x^2+1}$ のグラフをかけ

解答目安時間 4分　　難易度 ▶▶▶▷▷

解答

$y = \dfrac{x}{x^2+1}$ の導関数は,

$$y' = \frac{1 \cdot (x^2+1) - x \cdot (2x)}{(x^2+1)^2} = -\frac{(x+1)(x-1)}{(x^2+1)^2}$$

x	$(-\infty)$	$\cdots$	-1	$\cdots$	1	$\cdots$	(∞)
y'		$-$	0	$+$	0	$-$	
y	(0)	$\searrow$	$-\dfrac{1}{2}$	$\nearrow$	$\dfrac{1}{2}$	$\searrow$	(0)

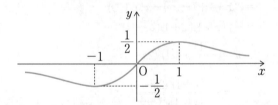

Point

▶ 分数関数

$$\boxed{\left(\frac{f(x)}{g(x)}\right)' = \frac{f'(x)g(x) - f(x)g(x)'}{g(x)^2}}$$ （公式）

を使う。

▶ x の定義域が $-\infty < x < \infty$ のときは, 増減表の中に $-\infty$ と ∞ も書き入れるとわかりやすいが $-\infty$, ∞ は数値ではないので $(-\infty)$, (∞) として書き入れる。

5-12　指数関数のグラフ

$y=e^{-x^2}$ のグラフをかけ

解答目安時間 4分　　難易度 ▶▶▶▷▷

解 答

$y=e^{-x^2}$ の導関数は，$y'=-2xe^{-x^2}$

x	$(-\infty)$	$\cdots$	0	$\cdots$	(∞)
y'		$+$	0	$-$	
y	(0)	$\nearrow$	1	$\searrow$	(0)

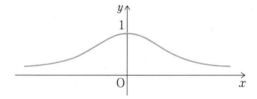

Point

▶ 指数関数のグラフ

$$(e^{f(x)})'=f'(x)\cdot e^{f(x)}\,(公式)$$

を使う。

▶ 本問は $g(x)=e^{-x^2}$ とおくと
$g(-x)=g(x)$ となり，y 軸対称（偶関数）なので
$x\geqq0$ のみの増減表も可。

$y=\dfrac{\log x}{x}$ のグラフをかけ

解答目安時間 4分　　難易度 ▶▶▶▷▷

解答

$y=\dfrac{\log x}{x}=f(x)$ とおくと真数条件から，$x>0$

$$f'(x)=\dfrac{\dfrac{1}{x}\cdot x-\log x}{x^2}$$

$$=\dfrac{1-\log x}{x^2}$$

x	(0)	$\cdots$	e	$\cdots$	(∞)
$f'(x)$		$+$	0	$-$	
$f(x)$	$(-\infty)$	$\nearrow$	$\dfrac{1}{e}$	$\searrow$	(0)

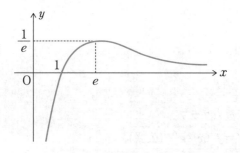

《注》 x を $\sqrt{x}$ に置き換えて十分大きな x で $x > \log x$ であるから（グラフを書くとわかります），

$$\sqrt{x} > \log\sqrt{x}$$

ゆえに，$\sqrt{x} > \dfrac{1}{2}\log x$

両辺を 2 倍して $x > 0$ で割って

$$\frac{\log x}{x} < \frac{2\sqrt{x}}{x} \quad \text{すなわち,} \quad 0 < \frac{\log x}{x} < \frac{2}{\sqrt{x}}$$

$\displaystyle\lim_{x\to\infty}\dfrac{2}{\sqrt{x}} = 0$ であるから，はさみうちの原理により，

$$\lim_{x\to\infty}\frac{\log x}{x} = 0$$

Point

▶ ロピタルの定理

$\displaystyle\lim_{x\to\infty}\dfrac{f(x)}{g(x)}$ において $\dfrac{\infty}{\infty}$ や $\dfrac{0}{0}$ の不定形になるときに限り

$$\boxed{\lim_{x\to\infty}\frac{f(x)}{g(x)} = \lim_{x\to\infty}\frac{f'(x)}{g'(x)}}$$

が成り立つ。本問に使うと

$$\lim_{x\to\infty}\frac{\log x}{x} = \lim_{x\to\infty}\frac{\left(\dfrac{1}{x}\right)}{1} = 0$$

5 – 14 増減表を2つのグラフから考える

$y=\dfrac{1}{2}\cos2x+\sqrt{3}\sin x$ のグラフをかけ。ただし，$0\le x\le\pi$ とする。

解答目安時間 5分　　難易度 ▐▐▐▷▷

解答

$y=\dfrac{1}{2}\cos2x+\sqrt{3}\sin x$ の導関数は，

$$y'=-\sin2x+\sqrt{3}\cos x \quad\cdots①$$
$$=-2\sin x\cdot\cos x+\sqrt{3}\cos x$$
$$=\cos x(-2\sin x+\sqrt{3}) \quad\cdots②$$

②より，$y'=0$ を解くと，$\cos x=0$ or $\sin x=\dfrac{\sqrt{3}}{2}$

つまり，$x=\dfrac{\pi}{2}$ or $x=\dfrac{\pi}{3}$，$\dfrac{2}{3}\pi$

①より y' の符号を $\begin{cases} y=\sqrt{3}\cos x \\ y=\sin2x \end{cases}$ の2つのグラフで考

えると

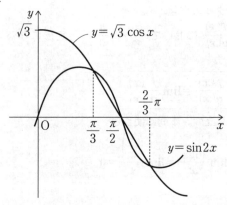

130

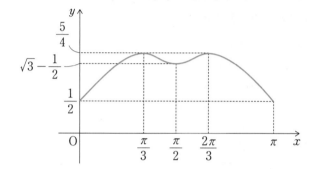

x	0	$\cdots$	$\pi/3$	$\cdots$	$\pi/2$	$\cdots$	$2\pi/3$	$\cdots$	π
$f'(x)$	$(\sqrt{3})$	$+$	0	$-$	0	$+$	0	$-$	$(-\sqrt{3})$
$f(x)$	$\dfrac{1}{2}$	$\nearrow$	$\dfrac{5}{4}$	$\searrow$	$\sqrt{3}-\dfrac{1}{2}$	$\nearrow$	$\dfrac{5}{4}$	$\searrow$	$\dfrac{1}{2}$

Point

▶ $y' = -\sin 2x + \sqrt{3}\cos x$ $\cdots$① を

$y' = \sqrt{3}\cos x - \sin 2x$ と変形する。そして

$y = \sqrt{3}\cos x$ と $y = \sin 2x$ の差で y' の符号が決まる

と考え，これを用いて増減表を作る。

$y=\sin x(1+\cos x)$ のグラフをかけ。ただし，$0\leqq x\leqq 2\pi$ とする。

解答目安時間 3分　　難易度 ▶▶▶▷▷

解答

$y=\sin x(1+\cos x)$ の導関数は，

$$y'=\cos x(1+\cos x)+\sin x(-\sin x)$$
$$=\cos x+\cos^2 x-(1-\cos^2 x)$$
$$=2\cos^2 x+\cos x-1$$
$$=(\cos x+1)(2\cos x-1)$$

$\cos x+1\geqq 0$ なので，

y' の符号は $2\cos x-1$ の符号と同じ。

x	0	$\cdots$	$\dfrac{\pi}{3}$	$\cdots$	π	$\cdots$	$\dfrac{5\pi}{3}$	$\cdots$	2π
y'	(2)	$+$	0	$-$	0	$-$	0	$+$	(2)
y	0	↗	$\dfrac{3\sqrt{3}}{4}$	↘	0	↘	$-\dfrac{3\sqrt{3}}{4}$	↗	0

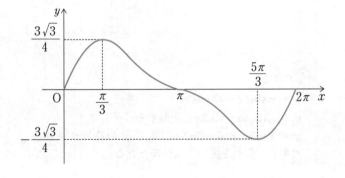

《注》 $f(x)=\sin x(1+\cos x)$ とおくと

$$f(\pi+t)=\sin(\pi+t)(1+\cos(\pi+t))$$
$$=-\sin t(1-\cos t)$$
$$f(\pi-t)=\sin(\pi-t)(1+\cos(\pi-t))$$
$$=\sin t(1-\cos t)$$

であるから，$f(\pi+t)+f(\pi-t)=0$

よって，$y=f(x)$ のグラフは点 $(\pi,\ 0)$ に関して対称なグラフである。

Point

▶ 三角関数の y' の符号

三角関数の場合，
$$-1\leqq\sin x\leqq 1,$$
$$-1\leqq\cos x\leqq 1$$
に注意して，y' の符号を考えると，増減表を書く手間が省ける。

次の曲線のグラフをかけ。

$$x = t - t^2, \quad y = 2t - t^2$$

解答目安時間 5分　　難易度 ▟▟▟▟▟

解答

$$\begin{cases} x = t - t^2 \\ y = 2t - t^2 \end{cases}$$

よって，

$$\begin{cases} \dfrac{dx}{dt} = 1 - 2t \\[2mm] \dfrac{dy}{dt} = 2 - 2t \end{cases}$$

t	$(-\infty)$	$\cdots$	$1/2$	$\cdots$	1	$\cdots$	(∞)
dx/dt	(∞)	$+$	0	$-$	$-$	$-$	$(-\infty)$
x	$(-\infty)$	$\rightarrow$	$\dfrac{1}{4}$	$\leftarrow$	0	$\leftarrow$	$(-\infty)$
dy/dt	(∞)	$+$	$+$	$+$	0	$-$	$(-\infty)$
y	$(-\infty)$	$\uparrow$	$\dfrac{3}{4}$	$\uparrow$	1	$\downarrow$	$(-\infty)$

ところで，$y' = \dfrac{dy}{dx} = \dfrac{dy/dt}{dx/dt} = \dfrac{2-2t}{1-2t} = \dfrac{\dfrac{2}{t}-2}{\dfrac{1}{t}-2}$

よって，$\displaystyle \lim_{t \to \pm\infty} y' = 1$

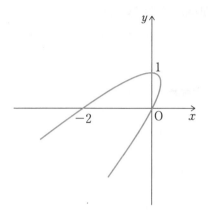

Point

▶ パラメーター

$x=f(t),\ y=g(t)$ のとき，$\dfrac{dx}{dt}=f'(t),\ \dfrac{dy}{dt}=g'(t)$

は x 軸方向（左右），y 軸方向（上下）の増減を見る。

さらに可能な限り，曲線の傾き $\dfrac{dy}{dx}=\dfrac{dy}{dt}\times\dfrac{1}{\dfrac{dx}{dt}}$

に着目する。

$\beta > \alpha$ のとき，不等式 $\sin\beta - \sin\alpha \leq \beta - \alpha$ を示せ。

解答目安時間 4分　　難易度 ▶▶▶▷▷

解 答

$\beta > \alpha$ のとき，

$\sin\beta - \sin\alpha \leq \beta - \alpha \quad \Leftrightarrow \quad \sin\beta - \beta \leq \sin\alpha - \alpha$

を示す。

そこで，$f(x) = \sin x - x$ とおくと，

$f'(x) = \cos x - 1 \leq 0$

つまり，$y = f(x)$ は減少関数であるから，

$\alpha < \beta$ において，$f(\alpha) > f(\beta)$

したがって，$f(\alpha) \geq f(\beta)$ は成り立つ。

よって，$\sin\alpha - \alpha \geq \sin\beta - \beta \quad \Leftrightarrow \quad \mathbf{\sin\beta - \sin\alpha \leq \beta - \alpha}$ は成り立つ。　答

Point

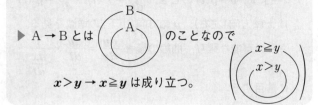

▶ $f(x) \geq 0$ とは $f(x)$ の最小値 ≥ 0 のイメージ

▶ $f(x) \leq 0$ とは $f(x)$ の最大値 ≤ 0 のイメージ

▶ A → B とは ⌜B A⌝ のことなので

$x > y \to x \geq y$ は成り立つ。

$\begin{pmatrix} x \geq y \\ x > y \end{pmatrix}$

5-18 対数関数の不等式の証明

不等式 $x-1 \geqq \log x$ が成り立つことを示せ。ただし，$x>0$ とする。

（解答目安時間）2分　　（難易度）▷▷▷▷▷

解 答

（左辺）$-$（右辺）$= x-1-\log x = f(x)$ とおくと，$x>0$ で

$$f'(x) = 1 - \frac{1}{x} = \frac{x-1}{x}$$

よって，

x	(0)	$\cdots$	1	$\cdots$	(∞)
$f'(x)$		$-$	0	$+$	
$f(x)$	(∞)	$\searrow$	0	$\nearrow$	(∞)

$f(x) \geqq f(1) = 0$ なので，（左辺）$\geqq$（右辺）は示された。

よって，**$x-1 \geqq \log x$ $(x>0)$ は成り立つ**。

等号成立は $x=1$ のとき。

Point

▶ **$x-1 \geqq \log x$ の意味す**
るものは？
左辺：**$y = x-1$**，右
辺：**$y = \log x$** として
$(1, 0)$ で接している
ことを表わす。
したがって **$x \to 0$**，
$x \to \infty$ のとき
$(x-1) - \log x \to \infty$ は容易に理解できる。

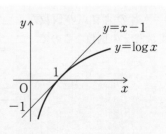

方程式 $\cos x = x + k$ の異なる実数解の個数を求めよ。

ただし，$-\dfrac{\pi}{2} \leqq x \leqq \dfrac{\pi}{2}$ とする。

解答目安時間 3分　　難易度 ▷▷▷▷▷

解　答

$$\cos x = x + k \quad \left(-\dfrac{\pi}{2} \leqq x \leqq \dfrac{\pi}{2} \right)$$

$$\Leftrightarrow \quad \cos x - x = k$$

$$\Leftrightarrow \quad \begin{cases} y = \cos x - x = f(x) \\ y = k \end{cases}$$

の共有点の x 座標と考えて

$$f'(x) = -\sin x - 1 \leqq 0$$

よって，

x	$-\dfrac{\pi}{2}$	$\cdots$	$\dfrac{\pi}{2}$
$f'(x)$	(0)	$-$	(-2)
$f(x)$	$\dfrac{\pi}{2}$	$\searrow$	$-\dfrac{\pi}{2}$

$y = k$ との共有点の個数が
実数解 x の個数なるので

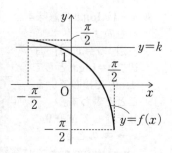

よって，実数解の個数は表のようになる。

k	…	$-\dfrac{\pi}{2}$	…	$\dfrac{\pi}{2}$	…
実数解の個数	0		1		0

$$\begin{cases} -\dfrac{\pi}{2} \leqq k \leqq \dfrac{\pi}{2} \ \text{のとき,} \ \textbf{1 個} \\ k < -\dfrac{\pi}{2}, \ \dfrac{\pi}{2} < k \ \text{のとき,} \ \textbf{0 個} \end{cases}$$ 答

Point

▶ 実数解の個数は 2 つの曲線（直線）の共有点の個数と考える。

▶ $\cos x = x + k$ $\iff$ $\begin{cases} y = \cos x - x \\ y = k \, (定数) \end{cases}$

これを"定数分離する"という。

本問は $\cos x = x + k$ $\iff$ $\begin{cases} y = \cos x \\ y = x + k \end{cases}$

の共有点の個数と考えることもできる

$-\dfrac{\pi}{2} \leqq x \leqq \dfrac{\pi}{2}$ に注意

して、

$y = \cos x$ の $\left(-\dfrac{\pi}{2}, \ 0\right)$

における接線が

$y = x + \dfrac{\pi}{2}$ なので、

結果は視覚的にも理解できる。

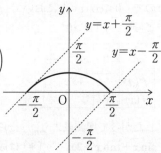

5 -20 $f'(x)$ の符号を考える

次の不等式を示せ。ただし，$0<x<\dfrac{\pi}{2}$ とする。

$\sin x + \tan x > 2x$

解答目安時間 4分　　難易度 ◗▶▷▷▷

解 答

$\sin x + \tan x > 2x$ …(＊)

（左辺）－（右辺）＝$\sin x + \tan x - 2x = f(x)$ とおくと

$$f'(x) = \cos x + \frac{1}{\cos^2 x} - 2$$

$$= \frac{\cos^3 x - 2\cos^2 x + 1}{\cos^2 x}$$

$$= \frac{(\cos x - 1)(\cos^2 x - \cos x - 1)}{\cos^2 x}$$

$0<x<\dfrac{\pi}{2}$ において，$\cos x - 1 < 0$，$\cos^2 x > 0$ なので，

$f'(x)$ の符号は $-\cos^2 x + \cos x + 1$ の符号と同じ。ここで，

$$-\cos^2 x + \cos x + 1 = -\left(\cos x - \frac{1}{2}\right)^2 + \frac{5}{4}$$

なので，$0<\cos x<1$ において，これは常に正。

よって，$f'(x)>0$

x	0	$\cdots$	$\dfrac{\pi}{2}$
$f'(x)$		$+$	
$f(x)$	0	↗	(∞)

したがって増減表より，$f(x)>0$，つまり

$\sin x + \tan x > 2x$ …(＊) **は成り立つ** 答

140

（注）　　$\cos x^2 - \cos x - 1$

　　　$= \cos(\cos x - 1) - 1$

　$0 < x < \dfrac{\pi}{2}$ で，$\cos x > 0$，$\cos x - 1 < 0$ であるから，

　$\cos^2 x - \cos x - 1 < 0$

としてもよい。

Point

▶ 三角関数を含む式において，$-1 \le \sin x \le 1$，$-1 \le \cos x \le 1$ に注意して，$f'(x)$ の符号を別の関数の符号とみると増減表を容易に書くことができる。

$x>0$ で定義された関数 $f(x)=\dfrac{x^3+x}{x^4+27x^2+1}$ において，$t=x+\dfrac{1}{x}$ とおくとき，$f(x)$ を t を用いて表せ。また，関数 $f(x)$ の最大値と，そのときの x の値を求めよ。

解答目安時間 4分   難易度 ◗◗▷▷▷

解　答

$f(x)$ の分母・分子を x^2 で割って，

$$f(x)=\dfrac{x+\dfrac{1}{x}}{x^2+27+\dfrac{1}{x^2}}$$

$x^2+\dfrac{1}{x^2}=\left(x+\dfrac{1}{x}\right)^2-2$ であるから

$$f(x)=\dfrac{\boldsymbol{t}}{\boldsymbol{t^2+25}}\quad \text{答}$$

となる。ここで，$g(t)=\dfrac{t}{t^2+25}$ とおくと，

$$g'(t)=\dfrac{t^2+25-2t\cdot t}{(t^2+25)^2}=\dfrac{25-t^2}{(t^2+25)^2}$$

$x>0$ より $t>0$ であるから，増減は右のようになり，$t=5$ で $g(t)$ は極大かつ最大。

t		5	
$g'(t)$	+		−
$g(t)$	↗		↘

最大値は $g(5)=\dfrac{1}{10}$ となる。

よって $f(x)$ の最大値は $\dfrac{1}{10}$ 答

このとき $t=x+\dfrac{1}{x}=5$ より,

$$x^2-5x+1=0 \quad \Leftrightarrow \quad x=\dfrac{5\pm\sqrt{21}}{2} \quad 答$$

これらは $x>0$ をみたす。

別解

相加・相乗平均の不等式より,

$$t=x+\dfrac{1}{x}\geqq 2\sqrt{x\cdot\dfrac{1}{x}}=2(等号は x=1 のとき)$$

$t\geqq 2$ のもとで,相加・相乗平均の不等式より,

$$\dfrac{1}{g(t)}=\dfrac{t^2+25}{t}=t+\dfrac{25}{t}\geqq 2\sqrt{t\cdot\dfrac{25}{t}}=10$$

等号成立は $t=\dfrac{25}{t}$,つまり $t=5$ のとき

したがって

$$f(x)=g(t)\leqq\dfrac{1}{10}$$

$f(x)$ の最大値は $\dfrac{1}{10}$ 答

Point

▶ 置きかえにより分数関数の最大・最小を考える。

▶ 分数関数の微分は商の微分の公式を用いる。

関数 $f(x)=\sin^2 x+a\cos x$ が閉区間 $[0,\ \pi]$ において

最大値 $\dfrac{7}{4}$ をもつとき,a の値を求めよ。ただし,$a>0$

とする。

解答目安時間 5分   難易度

解 答

$f(x)=\sin^2 x+a\cos x \quad (0\leqq x\leqq \pi)$

$f'(x)=2\sin x\cos x-a\sin x$

$\qquad =2\sin x\left(\cos x-\dfrac{a}{2}\right)$

$0\leqq x\leqq \pi$ において,$\sin x\geqq 0$ より,$f'(x)$ の符号は

$0<x<\pi$ において $\cos x-\dfrac{a}{2}$ の符号と一致する。

(ⅰ) $\dfrac{a}{2}\geqq 1$ すなわち $a\geqq 2$

のときは,$0<x<\pi$ にお

いて

$\qquad \cos x-\dfrac{a}{2}<0$

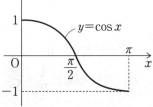

となるから,$f'(x)\leqq 0$

$f(x)$ は減少関数で,$f(x)\leqq f(0)$

最大値は $f(0)=a=\dfrac{7}{4}$ と

なるが $a\geqq 2$ であるから,これは矛盾。

(ii) $0 < \dfrac{a}{2} < 1$ すなわち

$0 < a < 2$ のときは

$$\cos x = \dfrac{a}{2}$$

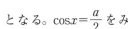

となる。$\cos x = \dfrac{a}{2}$ をみ

たす x を α とすると，増減は右の

ようになるので，$f(x)$ は $x = \alpha$

で極大かつ最大となる。

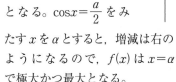

		α	
$f'(t)$	$+$		$-$
$f(t)$	$\nearrow$		$\searrow$

$$\cos\alpha = \dfrac{a}{2}$$

$$\sin^2\alpha = 1 - \cos^2\alpha = 1 - \dfrac{a^2}{4} \text{ より，}$$

$$f(\alpha) = 1 - \dfrac{a^2}{4} + \dfrac{a^2}{2} = 1 + \dfrac{a^2}{4}$$

これが $\dfrac{7}{4}$ であるから，$1 + \dfrac{a^2}{4} = \dfrac{7}{4}$

$$a^2 = 3 \quad \Leftrightarrow \quad \boldsymbol{a = \sqrt{3}} \quad \boxed{答}$$

これは $0 < a < 2$ をみたす。

別解

$\cos x = u$ とおくと，$-1 \leqq u \leqq 1$ で

$$f(x) = 1 - u^2 + au$$

$$= -\left(u - \dfrac{a}{2}\right)^2 + \dfrac{a^2}{4} + 1$$

$\dfrac{a}{2} \geqq 1$ のとき最大値は $u=1$ のときで, a

$a \geqq 2$ よりこれは $\dfrac{7}{4}$ とならないので不適。

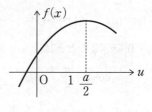

$0 < \dfrac{a}{2} \leqq 1$ のとき最大値は $u = \dfrac{a}{2}$ のときで, $1 + \dfrac{a^2}{4}$

$0 < a \leqq 2$ より $a = \sqrt{3}$ のとき $\dfrac{7}{4}$ となる

よって, 求める a の値は $\boldsymbol{a = \sqrt{3}}$ 答

Point

▶ $f'(x)$ の符号変化を調べるためにグラフを活用する。

▶ $\cos x - \dfrac{a}{2}$ の符号変化 $\Rightarrow$ $y = \cos x,\ y = \dfrac{a}{2}$ の2つのグラフを利用。

5-23 媒介変数による関数の接線

曲線 C が媒介変数 θ を用いて $x = \theta - \sin\theta$,
$y = 1 - \cos\theta$ と表されている。$\theta = \dfrac{\pi}{6}$ に対応する点に
おける曲線 C の接線の傾きを求めよ。

解答目安時間 2分　　難易度 ▶▶▷▷▷

解答

$$\begin{cases} x = \theta - \sin\theta \\ y = 1 - \cos\theta \end{cases} \quad \text{より,} \quad \begin{cases} \dfrac{dx}{d\theta} = 1 - \cos\theta \\ \dfrac{dy}{d\theta} = \sin\theta \end{cases}$$

$$y' = \frac{dy}{dx} = \frac{dy/d\theta}{dx/d\theta} = \frac{\sin\theta}{1 - \cos\theta}$$

よって求める接線の傾きは,

$$y'_{\theta = \frac{\pi}{6}} = \frac{\sin\dfrac{\pi}{6}}{1 - \cos\dfrac{\pi}{6}} = \frac{\dfrac{1}{2}}{1 - \dfrac{\sqrt{3}}{2}} = \frac{1}{2 - \sqrt{3}} = \mathbf{2 + \sqrt{3}} \quad \text{答}$$

Point

▶ 接線の傾き

$y' = \dfrac{dy}{dx}$ のこと。これが媒介変数で表わされているときは

$$\begin{cases} x = f(\theta) \\ y = g(\theta) \end{cases} \quad \text{として} \quad \begin{cases} \dfrac{dx}{d\theta} = f'(\theta) \\ \dfrac{dy}{d\theta} = g'(\theta) \end{cases}$$

$y' = \dfrac{dy}{dx} = \dfrac{dy/d\theta}{dx/d\theta} = \dfrac{g'(\theta)}{f'(\theta)}$ となる。

変数 t によって x と y が $x=\dfrac{4at}{1+t^2}$, $y=\dfrac{4at^2}{1+t^2}$ と表される。ただし，$a>0$ とする。t が変化するとき，点 $(x,\ y)$ の軌跡を表す曲線の方程式を求めよ。また，$t=2$ での曲線の接線を求めよ。

解答目安時間 5分　難易度 ▶▶▷▷▷

解答

$$\begin{cases} x=\dfrac{4at}{1+t^2} \\ y=\dfrac{4at^2}{1+t^2} \end{cases}$$

より，$y=tx$

$x\neq0$ のとき，$t=\dfrac{y}{x}$ を $x=\dfrac{4at}{1+t^2}$ に代入して

$$x=\frac{4a\left(\dfrac{y}{x}\right)}{1+\left(\dfrac{y}{x}\right)^2}=\frac{4axy}{x^2+y^2}$$

よって，$x\neq0$ のとき

$$x^2+y^2=4ay \quad\Leftrightarrow\quad x^2+(y-2a)^2=4a^2$$

$x=0$ のとき，$t=0$ より，$y=0$

したがって求める軌跡は

$x^2+(y-2a)^2=4a^2$，ただし $(0,\ 4a)$ を除く　答

$t=2$ のときの $(x,\ y)=\left(\dfrac{8a}{5},\ \dfrac{16a}{5}\right)$ を T とすると，

この円の中心 $(0,\ 2a)$ を A として，AT の傾きが

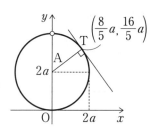

$$\frac{\frac{16}{5}a - 2a}{\left(\frac{8}{5}a\right)} = \frac{6}{8} = \frac{3}{4}$$

したがって T における接線

の傾きは $-\dfrac{4}{3}$ なので,

求める接線は,

$$y - \frac{16}{5}a = -\frac{4}{3}\left(x - \frac{8}{5}a\right)$$

$$\boldsymbol{y = -\frac{4}{3}x + \frac{16}{3}a} \quad \text{答}$$

Point

▶ 媒介変数表示された関数からこの変数を消去すると $(x,\ y)$ の軌跡ができる。

▶ 本問は結果的に軌跡が円になるので円の接線をダイレクトに求めるのが得策。

▶ $\dfrac{dx}{dt}$, $\dfrac{dy}{dt}$ を求めると本問は複雑になる。

《微分公式早見表》 (n は自然数)

	$F(x)$	$F'(x)$
①	x^n	nx^{n-1}
②	$\{f(x)\}^n$	$n\{f(x)\}^{n-1} \cdot f'(x)$
③	$\sin x$	$\cos x$
④	$\sin f(x)$	$\cos f(x) \cdot f'(x)$
⑤	$\sin^n x = (\sin x)^n$	$n(\sin x)^{n-1} \cdot \cos x$
⑥	$\cos x$	$-\sin x$
⑦	$\cos f(x)$	$-\sin f(x) \cdot f'(x)$
⑧	$\cos^n x = (\cos x)^n$	$n(\cos x)^{n-1} \cdot (-\sin x)$
⑨	$\tan x$	$\dfrac{1}{\cos^2 x}$
⑩	$\tan f(x)$	$\dfrac{1}{\cos^2 f(x)} \cdot f'(x)$
⑪	$\dfrac{1}{\tan x}$	$-\dfrac{1}{\sin^2 x}$
⑫	$\dfrac{1}{\tan f(x)}$	$-\dfrac{1}{\sin^2 f(x)} \cdot f'(x)$
⑬	e^x	e^x
⑭	$e^{f(x)}$	$e^{f(x)} \cdot f'(x)$

⑮	$\log x$	$\dfrac{1}{x}$
⑯	$\log|x|$	$\dfrac{1}{x}$
⑰	$\log f(x)$	$\dfrac{1}{f(x)} \cdot f'(x)$
⑱	$f(x) \cdot g(x)$	$f'(x)g(x) + f(x)g'(x)$
⑲	$f(x) \cdot g(x) \cdot h(x)$	$f'(x)g(x)h(x) + f(x)g'(x)h(x)$ $+ f(x)g(x)h'(x)$
⑳	$\dfrac{f(x)}{g(x)}$	$\dfrac{f'(x)g(x) - f(x)g'(x)}{\{g(x)\}^2}$

6-1 不定積分① $\left(\dfrac{f'(x)}{f(x)},\ 部分分数 \right)$

次の不定積分を求めよ。

(1) $\displaystyle \int \frac{2x^2+3x+4}{2x+1}dx$ 　(2) $\displaystyle \int \frac{(x+1)^2}{x^2+1}dx$

(3) $\displaystyle \int \frac{dx}{x(x+1)}$

解答目安時間　6分　　　難易度 ◗◗▷▷▷

解　答

(1) $\displaystyle \int \frac{2x^2+3x+4}{2x+1}dx$

$\displaystyle = \int \left(x+1+\frac{3}{2x+1} \right)dx$

$\displaystyle = \frac{1}{2}x^2+x+\frac{3}{2}\log|2x+1|+C$

$$\begin{array}{r} x+1 \\ 2x+1\ \overline{)\ 2x^2+3x+4} \\ \underline{2x^2+x} \\ 2x+4 \\ \underline{2x+1} \\ 3 \end{array}$$

(C：積分定数)　答

(2) $\displaystyle \int \frac{(x+1)^2}{x^2+1}dx = \int \frac{x^2+1+2x}{x^2+1}dx$

$\displaystyle = \int \left(1+\frac{2x}{x^2+1} \right)dx$ 　（p.203 の公式⑮を利用）

$\displaystyle = x+\log(x^2+1)+C$　答

(C：積分定数)

(3) $\displaystyle\int \frac{dx}{x(x+1)}$

$\displaystyle=\int\left(\frac{1}{x}-\frac{1}{x+1}\right)dx$ （p.203 の公式⑮を利用）

$=\log|x|-\log|x+1|+C$

$=\boldsymbol{\log\left|\dfrac{x}{x+1}\right|+C}$ 答 （C：積分定数）

Point

▶ 分数関数の不定積分（C：積分定数）

①　$\boxed{\displaystyle\int \frac{f'(x)}{f(x)}\,dx=\log|f(x)|+C}$ が最優先。

②　①の形になるように帯分数を作る。

帯分数：$\dfrac{\boldsymbol{a}}{\boldsymbol{b}}=$ 商 $+\dfrac{\text{余り}}{\boldsymbol{b}}$

　（$\boldsymbol{a}\div\boldsymbol{b}$ の商と余りを作る）

▶ 部分分数

(2)の $\dfrac{1}{x(x+1)}$ の場合，約分を作るのがコツ。

$\dfrac{1}{x(x+1)}=\dfrac{(x+1)-x}{x(x+1)}=\dfrac{1}{x}-\dfrac{1}{x+1}$
　　　　　（約分を作る）

6-2 不定積分②（三角関数，指数関数）

次の不定積分を求めよ。

(1) $\displaystyle \int \sin(3x+1)dx$

(2) $\displaystyle \int e^{3x}dx$

解答目安時間 2分　　難易度 ▷▷▷▷▷

解答

(1) $\displaystyle \int \sin(3x+1)dx$

$$= -\frac{1}{3}\cos(3x+1)+C \quad \text{答} \quad (C：積分定数)$$

(2) $\displaystyle \int e^{3x}dx$

$$= \frac{1}{3}e^{3x}+C \quad \text{答} \quad (C：積分定数)$$

（p.203 の公式⑭を利用）

Point

▶ 三角関数・指数関数の積分は公式の通り使う。

6-3 定積分①（三角関数）

次の定積分を求めよ。

(1) $\displaystyle\int_{\frac{\pi}{6}}^{\frac{\pi}{4}}(2\sin x+\cos x)dx$ 　　(2) $\displaystyle\int_{0}^{\frac{\pi}{2}}\sin^2 x\,dx$

解答目安時間 2分　　難易度 ◗▷▷▷▷

解　答

(1) $\displaystyle\int_{\frac{\pi}{6}}^{\frac{\pi}{4}}(2\sin x+\cos x)dx=\Big[-2\cos x+\sin x\Big]_{\frac{\pi}{6}}^{\frac{\pi}{4}}$

（p.202 の公式③④を利用）

$=\left(-2\cdot\dfrac{1}{\sqrt{2}}+\dfrac{1}{\sqrt{2}}\right)-\left(-2\cdot\dfrac{\sqrt{3}}{2}+\dfrac{1}{2}\right)$

$=-\dfrac{1}{\sqrt{2}}+\sqrt{3}-\dfrac{1}{2}$　答

(2) $\displaystyle\int_{0}^{\frac{\pi}{2}}\sin^2 x\,dx$ 　（2倍角の公式の利用）

$=\dfrac{1}{2}\displaystyle\int_{0}^{\frac{\pi}{2}}(1-\cos 2x)dx$

$=\dfrac{1}{2}\Big[x-\dfrac{1}{2}\sin 2x\Big]_{0}^{\frac{\pi}{2}}$　（p.202 の公式⑧を利用）

$=\dfrac{1}{2}\cdot\dfrac{\pi}{2}=\dfrac{\pi}{4}$　答

Point

▶ $\displaystyle\int\sin^2 x\,dx$, $\displaystyle\int\cos^2 x\,dx$ は，2倍角の公式を変形した

$$\sin^2 x=\dfrac{1-\cos 2x}{2},\quad \cos^2 x=\dfrac{1+\cos 2x}{2}$$

を使う。

6-4 定積分②（√を含む式，三角関数の積）

次の定積分を求めよ。

(1) $\displaystyle\int_1^2 \sqrt{x}\left(x+\dfrac{1}{\sqrt{x}}-\dfrac{1}{x^2}\right)dx$

(2) $\displaystyle\int_0^{\frac{\pi}{4}}\sin x\sin 3x\,dx$

(3) $\displaystyle\int_0^{\frac{\pi}{2}}\sin^3 x\,dx$

| 解答目安時間 | 5分 | | 難易度 | ▶▶▷▷▷ |

解答

(1) $\displaystyle\int_1^2 \sqrt{x}\left(x+\dfrac{1}{\sqrt{x}}-\dfrac{1}{x^2}\right)dx$

$x^{\frac{p}{q}}$ の形にすると計算しやすい
（p：整数，q：自然数）

$\displaystyle=\int_1^2\left(x^{\frac{3}{2}}+1-x^{-\frac{3}{2}}\right)dx$

$\displaystyle=\left[\dfrac{2}{5}x^{\frac{5}{2}}+x-(-2)x^{-\frac{1}{2}}\right]_1^2$

$\displaystyle=\left[\dfrac{2}{5}x^2\sqrt{x}+x+2\dfrac{1}{\sqrt{x}}\right]_1^2$

$\displaystyle=\left(\dfrac{8}{5}\sqrt{2}+2+\sqrt{2}\right)-\left(\dfrac{2}{5}+1+2\right)$

$=\dfrac{\mathbf{13}}{\mathbf{5}}\sqrt{2}-\dfrac{\mathbf{7}}{\mathbf{5}}$ 答

(2) $\displaystyle\int_0^{\frac{\pi}{4}}\sin x\sin 3x\,dx$

積→和の公式

$\displaystyle=-\dfrac{1}{2}\int_0^{\frac{\pi}{4}}(\cos 4x-\cos 2x)dx$

$\displaystyle=-\dfrac{1}{2}\left[\dfrac{1}{4}\sin 4x-\dfrac{1}{2}\sin 2x\right]_0^{\frac{\pi}{4}}$ （p.202の公式⑧を利用）

$$= -\frac{1}{2}\left\{\left(0-\frac{1}{2}\right)\right\} = \frac{1}{4} \quad \text{答}$$

(3) $\displaystyle\int_0^{\frac{\pi}{2}}\sin^3 x\,dx = \int_0^{\frac{\pi}{2}}\sin x(1-\cos^2 x)\,dx$

$$= \int_0^{\frac{\pi}{2}}(\sin x - \cos^2 x\sin x)\,dx$$

$$= \left[-\cos x + \frac{\cos^3 x}{3}\right]_0^{\frac{\pi}{2}}$$

$$= -\left(-1+\frac{1}{3}\right)$$

$$= \frac{2}{3} \quad \text{答}$$

Point

▶ 三角関数の積の積分は，積→和の公式を使う。

▶ $\displaystyle\int f(x)^{n-1}f'(x)\,dx = \frac{1}{n}f(x)^n + C$　（n は自然数）

6-5 定積分③ $\left(\int \dfrac{1}{a^2+x^2}\,dx\right)$ 型

次の定積分を求めよ。

$$\int_0^1 \frac{dx}{1+x^2}$$

（解答目安時間）1分　　（難易度）▷▷▷▷▷

解 答

$I=\displaystyle\int_0^1 \frac{dx}{1+x^2}$ において，$x=\tan\theta$ とおけば，両辺の微分をとって

$$dx=\frac{1}{\cos^2\theta}\,d\theta \qquad \begin{cases} x : 0 \to 1 \\ \theta : 0 \to \dfrac{\pi}{4} \end{cases}$$

よって，$I=\displaystyle\int_0^{\frac{\pi}{4}} \frac{1}{1+\tan^2\theta}\cdot\frac{1}{\cos^2\theta}\,d\theta$

$$=\int_0^{\frac{\pi}{4}} 1\,d\theta \quad \left(1+\tan^2\theta=\frac{1}{\cos^2\theta} \text{ より}\right)$$

$$=\Big[\theta\Big]_0^{\frac{\pi}{4}}=\frac{\pi}{4} \quad \text{答}$$

Point

▶ $\displaystyle\int \frac{1}{a^2+x^2}\,dx$ は $x=a\tan\theta$ とおく。

これは $\displaystyle\int \frac{1}{\sqrt{a^2+x^2}}\,dx$ などにも適用できる。

6-6 半円の積分

次の定積分を求めよ。

$$\int_0^1 \sqrt{1-x^2}\,dx$$

解答目安時間 1分　　難易度 ▶▷▷▷▷

解 答

$I = \displaystyle\int_0^1 \sqrt{1-x^2}\,dx$ において，$x = \cos\theta$ とおけば，両辺の微分をとって

$dx = -\sin\theta \cdot d\theta$

$\begin{cases} x : 0 \ \to 1 \\ \theta : \dfrac{\pi}{2} \to 0 \end{cases}$

$$I = \int_{\frac{\pi}{2}}^0 \sqrt{1-\cos^2\theta}\,(-\sin\theta)\,d\theta = \int_0^{\frac{\pi}{2}} \sin^2\theta\,d\theta$$

$$= \frac{1}{2}\int_0^{\frac{\pi}{2}} (1-\cos 2\theta)\,d\theta = \frac{1}{2}\left[\theta - \frac{1}{2}\sin 2\theta\right]_0^{\frac{\pi}{2}}$$

$$= \frac{1}{2}\cdot\frac{\pi}{2} = \frac{\pi}{4} \quad \text{答}$$

Point

▶ $y = \sqrt{r^2 - x^2}$ は $x^2 + y^2 = r^2$ $(y \geqq 0)$ と変形できる。つまり O 中心，半径 r の半円となる。したがって本問の場合も $y = \sqrt{1-x^2}$ であるから，$I = \displaystyle\int_0^1 \sqrt{1-x^2}\,dx$

は半円の $0 \leqq x \leqq 1$ の部分の面積とわかるので実際の入試においては半円の図（右図参照）をかいて求めるのが得策。

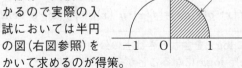

6-7 部分積分

次の定積分を求めよ。

(1) $\displaystyle\int_1^e x\log x\,dx$ (2) $\displaystyle\int_1^e \log x\,dx$

解答目安時間 2分   難易度 ▶▶▷▷▷

解答

(1) $\displaystyle\int_1^e x\log x\,dx=\int_1^e (\log x)\cdot x\,dx$ ($f(x),\ g(x)$ のイメージ)

$$=\left[(\log x)\frac{1}{2}x^2\right]_1^e-\int_1^e \frac{1}{x}\cdot\frac{1}{2}x^2\,dx$$

$$=\frac{1}{2}e^2-\left[\frac{1}{4}x^2\right]_1^e=\frac{1}{2}e^2-\frac{1}{4}(e^2-1)$$

$$=\frac{e^2+1}{4} \quad \text{答}$$

(2) $\displaystyle\int_1^e \log x\,dx=\int_1^e (\log x)\cdot 1\,dx$ ($f(x),\ g(x)$ のイメージ)

$$=\left[(\log x)\cdot x\right]_1^e-\int_1^e \frac{1}{x}\cdot x\,dx$$

$$=e-[x]_1^e=e-(e-1)=1 \quad \text{答}$$

Point

▶ 部分積分

積の関数の積分に使う。

$\displaystyle\int g(x)\,dx=g^*(x)$ と表すことにすると

$$\int f(x)\cdot g(x)\,dx=[f(x)\cdot g^*(x)]-\int f'(x)\cdot g^*(x)\,dx$$

特に $\log x$ を含むときは上の公式において
$f(x)=\log x$ になることが多い。

6-8　瞬間部分積分①（∫(整式)×$e^x dx$型）

次の定積分を求めよ。

$$\int_0^1 xe^{2x}dx$$

解答目安時間　1分　　難易度　▷▷▷▷

解 答

$I=\displaystyle\int_0^1 xe^{2x}dx$ において，$2x=t$ とおくと

両辺の微分をとって，

瞬間部分積分が使えるように $2x=t$ とおきかえる

$2dx=dt$　　$\begin{cases} x:0\to1 \\ t:0\to2 \end{cases}$

よって，

$I=\displaystyle\int_0^2 \frac{t}{2}e^t\frac{1}{2}dt=\frac{1}{4}\int_0^2 te^t dt$

瞬間部分積分

$=\dfrac{1}{4}\Big[(t-1)e^t\Big]_0^2$

$=\dfrac{1}{4}(e^2+1)$　答

Point

▶ 瞬間部分積分①

$f(x)$ を整式として

$I=\displaystyle\int f(x)e^x dx=(f(x)-f'(x)+f''(x)-f'''(x)+\cdots)e^x+C$

（C：積分定数）

が成り立つ。このとき e^x に注意。

ちなみに $J=\displaystyle\int f(x)e^{-x}dx$

$=-(f(x)+f'(x)+f''(x)+\cdots)e^{-x}+C$

6-9 瞬間部分積分②($\int$(整式)×(三角関数)dx 型)

次の定積分を求めよ。

$$\int_0^{\frac{\pi}{2}} x\cos3x\,dx$$

解答目安時間 3分 難易度 ▶▶◗◗◗

解答

$I=\displaystyle\int_0^{\frac{\pi}{2}} x\cos3x\,dx$ において，$3x=t$ とおくと

両辺の微分をとって

瞬間部分積分を
使うため

$$3dx=dt$$

$\begin{cases} x:0\to\dfrac{\pi}{2} \\ t:0\to\dfrac{3}{2}\pi \end{cases}$

よって，$I=\displaystyle\int_0^{\frac{3}{2}\pi} \dfrac{t}{3}\cdot\cos t\cdot\dfrac{1}{3}dt$

$$=\frac{1}{9}\int_0^{\frac{3}{2}\pi} t\cos t\,dt=\frac{1}{9}\Big[t\sin t+1\cdot\cos t\Big]_0^{\frac{3}{2}\pi}$$

$$=\frac{1}{9}\Big(\frac{3}{2}\pi\cdot(-1)-1\Big)=-\frac{\pi}{6}-\frac{1}{9} \quad \text{答}$$

🅿oint

▶ 瞬間部分積分②

$f(x)$ を整式として

積分　　微分　　微分

$$\int f(x)\cdot\sin x\,dx=f(x)\cdot(-\cos x)+f'(x)\cdot\sin x+f''(x)\cdot\cos x+\cdots\cdots$$

そのまま　　微分　　微分

積分　　微分　　微分

$$\int f(x)\cdot\cos x\,dx=f(x)\cdot\sin x+f'(x)\cdot\cos x+f''(x)\cdot(-\sin x)+\cdots\cdots$$

そのまま　　微分　　微分

6-10 減衰曲線の積分

次の定積分を求めよ。

$$\int_0^{2\pi} e^{-x}\sin x\, dx$$

解答目安時間　4 分　　　難易度 ▶▶▶▷▷

解 答

$I=\int_0^{2\pi} e^{-x}\sin x\, dx$ において部分積分を 2 回行うと

$$I=\Big[e^{-x}(-\cos x)\Big]_0^{2\pi}-\int_0^{2\pi}(-e^{-x})(-\cos x)dx$$

$$=-e^{-2\pi}+1-\int_0^{2\pi}e^{-x}\cos x\,dx$$

$$=-e^{-2\pi}+1-\left\{\Big[e^{-x}\sin x\Big]_0^{2\pi}-\int_0^{2\pi}(-e^{-x})\sin x\,dx\right\}$$

$$=-e^{-2\pi}+1-I$$

よって，$I=\dfrac{1}{2}(-e^{-2\pi}+1)$　答

別解

$$\int e^{-x}\sin x\,dx=e^{-x}(a\sin x+b\cos x)+C$$

（C：積分定数）

とかけるとする。両辺 x で微分すると

$$e^{-x}\sin x=-e^{-x}(a\sin x+b\cos x)+e^{-x}(a\cos x-b\sin x)$$

$$=e^{-x}\{(a-b)\cos x-(a+b)\sin x\}$$

したがって，$a-b=0$，$a+b=-1$

これを解いて，$a=b=-\dfrac{1}{2}$

よって，$\int e^{-x}\sin x\,dx=-\dfrac{1}{2}\,e^{-x}(\sin x+\cos x)$

$$\int_0^{2\pi} e^{-x}\sin x\,dx = \left[-\frac{1}{2}e^{-x}(\sin x + \cos x)\right]_0^{2\pi}$$

$$= -\frac{1}{2}e^{-2\pi} - \left(-\frac{1}{2}\right)$$

$$= \frac{1}{2}(1 - e^{-2\pi}) \quad \text{答}$$

Point

▶ 減衰曲線の積分

$f(x) = e^{-x}\sin x$ は，$-1 \leqq \sin x \leqq 1$ に注意し，辺々を e^{-x} 倍して $-e^{-x} \leqq f(x) \leqq e^{-x}$ より，$y = f(x)$ のグラフの概形は下図。こうした曲線を減衰曲線といい，この $f(x)$ の積分は，2 回部分積分を行うことで元の式が現れることを用いる。

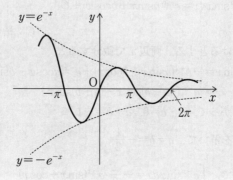

6 - 11 分数関数の積分①(部分分数型-1)

$$\frac{1}{x(x-3)} = \frac{a}{x} + \frac{b}{x-3}$$ をみたす実数 a, b の値を求

めよ。またそのとき, $\int_1^2 \frac{dx}{x(x-3)}$ の値を求めよ。

解答目安時間 2分   難易度 ▶▷▷▷▷

解 答

$$\frac{1}{x(x-3)} = \frac{1}{3} \cdot \frac{x-(x-3)}{x(x-3)}$$

(分子の調整)(約分を作る)

$$= \frac{1}{3}\left(\frac{1}{x-3} - \frac{1}{x}\right) = \frac{a}{x} + \frac{b}{x-3}$$

よって, $a = -\dfrac{1}{3}$, $b = \dfrac{1}{3}$ 答

ここで $\displaystyle\int_1^2 \frac{1}{x(x-3)}dx = \frac{1}{3}\int_1^2 \left(\frac{1}{x-3} - \frac{1}{x}\right)dx$

$$= \frac{1}{3}\Big[\log|x-3| - \log|x|\Big]_1^2$$

$$= \frac{1}{3}((\log 1 - \log 2) - (\log 2 - \log 1))$$

$$= -\frac{2}{3}\log 2 \quad 答$$

Point

▶ 部分分数

1つの分数の式を2つ以上の分数の式に分けること
を部分分数という。上の解答のように約分を作る他
に, 通分して

$$\frac{a}{x} + \frac{b}{x-3} = \frac{a(x-3) + bx}{x(x-3)} = \frac{(a+b)x - 3a}{x(x-3)} = \frac{1}{x(x-3)}$$

から $a+b=0$, $-3a=1$ を解いても解ける。

恒等式 $\dfrac{2x+1}{x(x-1)^2}=\dfrac{a}{x}+\dfrac{b}{(x-1)^2}+\dfrac{c}{(x-1)}$ をみたす

定数 a, b, c の値を求めよ。また，その時 $\displaystyle\int\dfrac{2x+1}{x(x-1)^2}dx$

を求めよ。ただし，C を積分定数とする。

解答目安時間　2分　　　難易度　▶▶▷▷▷

解　答

$$\dfrac{2x+1}{x(x-1)^2}=\dfrac{a}{x}+\dfrac{b}{(x-1)^2}+\dfrac{c}{x-1}$$

が成り立つ a, b, c が存在するとき，両辺を $x(x-1)^2$ 倍して

$$2x+1=a(x-1)^2+bx+cx(x-1)$$
$$=(a+c)x^2+(-2a+b-c)x+a$$

よって，係数を比較して

$$\begin{cases} a+c=0 \\ -2a+b-c=2 \\ a=1 \end{cases}$$

より，$(a, b, c)=(\mathbf{1}, \mathbf{3}, \mathbf{-1})$

したがって，

$$\int\dfrac{2x+1}{x(x-1)^2}dx=\int\left(\dfrac{1}{x}+\dfrac{3}{(x-1)^2}-\dfrac{1}{x-1}\right)dx$$

とおける。よって，

$$\int\left(\frac{1}{x}+\frac{3}{(x-1)^2}-\frac{1}{x-1}\right)dx$$

$$=\log|x|-\frac{3}{x-1}-\log|x-1|+C$$

$$=\log\left|\frac{x}{x-1}\right|-\frac{3}{x-1}+C \quad \text{答}$$

Point

▶ 部分分数の定番的扱い方
分母を払ってから整式の恒等式として扱うのが定番
「分母を払ってから」←これが重要！

$2x+1=a(x-1)^2+bx+cx(x-1)$ …① として

①に $x=0$ を代入して，$1=a$

①に $x=1$ を代入して，$3=b$

①に $x=2$ を代入して，$5=a+2b+2c$

を解いて $(a,\ b,\ c)=(1,\ 3,\ -1)$ を得るのもアリ。
しかしながら $x=0$ や 1 を代入した際に元の等式の
分母が 0 になるため記述式解答では注意が必要。

▶ $a\neq-1$のとき，$\displaystyle\int x^a dx=\frac{1}{a+1}x^{a+1}+C$

$a=-1$のとき，$\displaystyle\int x^a dx=\log|x|+C$

(C：積分定数)

関数 $f(x)=\dfrac{2}{3}\sin\left(\dfrac{5}{6}x+\pi\right)$ の周期を T としたとき，

T の値を求め，$\dfrac{1}{T}\displaystyle\int_0^T\{f(x)\}^2dx$ を計算せよ。

解答目安時間　2分　　難易度　▷▷▷▷

解　答

$f(x)=\dfrac{2}{3}\sin\left(\dfrac{5}{6}x+\pi\right)$ の周期は，$\dfrac{5}{6}x=\dfrac{x}{\left(\dfrac{6}{5}\right)}$ とかける

ので $\sin x$ の周期の $\dfrac{6}{5}$ 倍となる。よって，

$$T=2\pi\cdot\dfrac{6}{5}=\dfrac{\mathbf{12}}{\mathbf{5}}\pi\quad\text{答}$$

これを $\dfrac{1}{T}\displaystyle\int_0^T\{f(x)\}^2dx$ に代入して

$$\dfrac{1}{\dfrac{12}{5}\pi}\int_0^{\frac{12}{5}\pi}\dfrac{4}{9}\sin^2\left(\dfrac{5}{6}x+\pi\right)dx$$

$\dfrac{5}{6}x+\pi=t$ とおくと両辺
の微分をとって $\dfrac{5}{6}dx=dt$

$$\dfrac{5}{12\pi}\int_\pi^{3\pi}\dfrac{4}{9}\sin^2t\cdot\dfrac{6}{5}dt$$

$$=\dfrac{5}{12\pi}\cdot\dfrac{4}{9}\cdot\dfrac{6}{5}\cdot\dfrac{1}{2}\int_\pi^{3\pi}(1-\cos2t)dt$$

$$=\dfrac{1}{9\pi}\left[t-\dfrac{1}{2}\sin2t\right]_\pi^{3\pi}$$

$$=\dfrac{1}{9\pi}(3\pi-\pi)=\dfrac{\mathbf{2}}{\mathbf{9}}\quad\text{答}$$

《注》 一般に，角 a と正の数 ω が与えられたとき，関数

$$y=\sin(\omega x+a),\ y=\cos(\omega x+a)\ \text{の周期は}\ \frac{2\pi}{\omega}$$

関数 $y=\tan(\omega x+a)$ の周期は $\dfrac{\pi}{\omega}$

である。

Point

▶ 置き換えの目安

本問の $f(x)=\dfrac{2}{3}\sin\left(\dfrac{5}{6}x+\pi\right)$ の式の部分で $\dfrac{5}{6}x+\pi$

が扱いにくい。

この部分を t とおけば

$f(x)=\dfrac{2}{3}\sin t=g(t)$ のように関数をシンプル化で

きる。

$$\boxed{\text{置き換え→シンプル}}$$

これが置き換えの目安である。

置き換えて，逆に複雑化しては意味がない。

曲線 $y=\dfrac{8}{x^2+9}$ の変曲点の x 座標をそれぞれ a, b

としたとき，a, b の値を求め，$\displaystyle\int_a^b \dfrac{8}{x^2+9}\,dx$ を計算せ

よ。ただし，$a<b$ とする。

解答目安時間　4分　　難易度 ▌◗▷▷▷

解　答

$y=\dfrac{8}{x^2+9}$ において，

$$y'=-\dfrac{16x}{(x^2+9)^2}, \quad y''=\dfrac{48(x+\sqrt{3})(x-\sqrt{3})}{(x^2+9)^3}$$

変曲点は $y''=0 \iff x=\pm\sqrt{3}$ のとき。

よって，$a=-\sqrt{3}$, $b=\sqrt{3}$　答

$$I=\int_{-\sqrt{3}}^{\sqrt{3}} \dfrac{8}{x^2+9}\,dx=16\int_0^{\sqrt{3}}\dfrac{1}{x^2+9}\,dx$$

$$\left(f(x)=\dfrac{8}{x^2+9} \ は \ f(x)=f(-x) \ より \ 偶関数\right)$$

とおいて，$x=3\tan\theta$ とすれば，両辺の微分をとって

$$dx=3\cdot\dfrac{1}{\cos^2\theta}\,d\theta \qquad \begin{cases} x:0\to\sqrt{3} \\ \theta:0\to\dfrac{\pi}{6} \end{cases}$$

よって，$I=16\displaystyle\int_0^{\frac{\pi}{6}}\dfrac{1}{9\tan^2\theta+9}\cdot 3\dfrac{1}{\cos^2\theta}\,d\theta$

$$=16\cdot\dfrac{1}{3}\int_0^{\frac{\pi}{6}}d\theta$$

$$=\dfrac{16}{3}[\theta]_0^{\frac{\pi}{6}}$$

$$= \frac{16}{3} \times \frac{\pi}{6} = \frac{8}{9}\pi \quad \text{答}$$

Point

▶ 連続かつ1対1対応

$y = \dfrac{1}{x^2+9} \ (0 \leqq x \leqq \sqrt{3})$ において $x = 3\tan\theta$ とおくと，下のグラフからわかる。

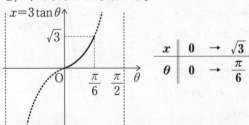

x	0	→	$\sqrt{3}$
θ	0	→	$\dfrac{\pi}{6}$

これはこの区間で，$x = 3\tan\theta$ が連続かつ1対1対応になっているからである。このように置換積分においての置き換えは区間内で連続かつ1対1になることが大事。

関数 $y = x\sin 2x$ の不定積分 $\displaystyle\int x\sin 2x\,dx$ の値を求めよ。また，定積分 $\displaystyle\int_{-\pi}^{\pi} |x\sin 2x|\,dx$ の値を求めよ。

解答目安時間 3分　　難易度

解 答

部分積分法を用いて

$$\int x\sin 2x\,dx = x\left(-\frac{1}{2}\cos 2x\right) - \int 1\left(-\frac{1}{2}\cos 2x\right)dx$$

$$= -\frac{1}{2}x\cos 2x + \frac{1}{2}\left(\frac{1}{2}\sin 2x\right) + C$$

$$= -\frac{1}{2}x\cos 2x + \frac{1}{4}\sin 2x + C \quad 答$$

（C は積分定数）

$-1 \leqq \sin 2x \leqq 1$ であるから辺々に $x\ (\geqq 0)$ をかけて

$-x \leqq x\sin 2x \leqq x$

よって，$x \geqq 0$ において $y = x\sin 2x$ は右図。

また，$f(x) = |x\sin 2x|$ において，$f(-x) = f(x)$ であるから

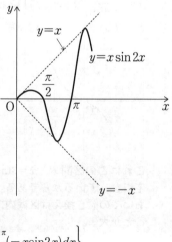

$$\int_{-\pi}^{\pi} |x\sin 2x|\,dx$$

$$= 2\int_{0}^{\pi} |x\sin 2x|\,dx$$

$$= 2\left\{\int_{0}^{\frac{\pi}{2}} x\sin 2x\,dx + \int_{\frac{\pi}{2}}^{\pi} (-x\sin 2x)\,dx\right\}$$

$$=2\left\{\left[-\frac{1}{2}x\cos2x+\frac{1}{4}\sin2x\right]_0^{\frac{\pi}{2}}+\left[\frac{1}{2}x\cos2x-\frac{1}{4}\sin2x\right]_{\frac{\pi}{2}}^{\pi}\right\}$$

$$=2\left\{\left(\frac{\pi}{4}\right)+\left(\frac{\pi}{2}+\frac{\pi}{4}\right)\right\}=\boldsymbol{2\pi}\quad\boxed{\text{答}}$$

（注）　$f(x)=|x\sin2x|$

$$=\begin{cases}x\sin2x & \left(0\leqq x\leqq\dfrac{\pi}{2}\right)\\ -x\sin2x & \left(\dfrac{\pi}{2}\leqq x\leqq\pi\right)\end{cases}$$

であるから，$f(0)=f\left(\dfrac{\pi}{2}\right)=f(\pi)=0$ とからグラフの概形

がわかる。

Point

▶ 絶対値を含む積分はグラフを用いて視覚的に考え
るとよい。

関数 $f(x)$ を $f(x) = \cos(\pi x^2)$ と定める。そのとき $\displaystyle\int_0^2 |f'(x)| dx$ の値を求めよ。

解答目安時間 3分　　難易度 ▷▷▷▷▷

解　答

$f(x) = \cos(\pi x^2)$ の導関数は,

$f'(x) = -2\pi x \sin \pi x^2$

$-1 \leqq \sin \pi x^2 \leqq 1$ なので, $x \geqq 0$ において辺々を $-2\pi x$ ($\leqq 0$) 倍して

$2\pi x \geqq -2\pi x \sin \pi x^2 \geqq -2\pi x$

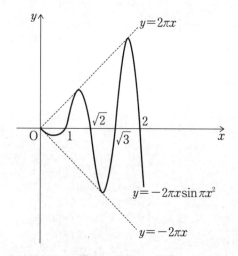

上の $y = f'(x) = -2\pi x \sin \pi x^2$ に注意して

$$\int_0^2 |f'(x)|dx$$

$$= \int_0^1 \{-f'(x)\}dx + \int_1^{\sqrt{2}} f'(x)dx + \int_{\sqrt{2}}^{\sqrt{3}} \{-f'(x)\}dx + \int_{\sqrt{3}}^2 f'(x)dx$$

$$= \Big[-f(x)\Big]_0^1 + \Big[f(x)\Big]_1^{\sqrt{2}} + \Big[-f(x)\Big]_{\sqrt{2}}^{\sqrt{3}} + \Big[f(x)\Big]_{\sqrt{3}}^2$$

$$= -(f(1)-f(0)) + f(\sqrt{2}) - f(1) - (f(\sqrt{3}) - f(\sqrt{2}))$$
$$\qquad\qquad\qquad\qquad\qquad + f(2) - f(\sqrt{3})$$

$$= f(0) - 2f(1) + 2f(\sqrt{2}) - 2f(\sqrt{3}) + f(2)$$

$$= 1 - 2(-1) + 2\cdot 1 - 2\cdot(-1) + 1$$

$$= 1 + 2 + 2 + 2 + 1 = \mathbf{8} \quad \boxed{答}$$

Point

$$\blacktriangleright \quad \int |\boldsymbol{f}'(\boldsymbol{x})|\,d\boldsymbol{x} = \begin{cases} \int \boldsymbol{f}'(\boldsymbol{x})\,d\boldsymbol{x} \\ \int \{-\boldsymbol{f}'(\boldsymbol{x})\}\,d\boldsymbol{x} \end{cases}$$

になるのであるから $\boldsymbol{f}'(\boldsymbol{x})$ の符号を知る問題とわかる→グラフの利用が有効である。

$I_n=\displaystyle\int_0^{\frac{\pi}{2}}(\sin^n x+\cos^n x)dx$ において，n は 0 以上の整数で偶数である。このとき，I_0 の値を求め，I_n を I_{n-2} を用いて表せ。

解答目安時間 4分　　難易度

解 答

$I_n=\displaystyle\int_0^{\frac{\pi}{2}}(\sin^n x+\cos^n x)dx$ において

$I_0=\displaystyle\int_0^{\frac{\pi}{2}}(1+1)dx=\Big[2x\Big]_0^{\frac{\pi}{2}}=\pi$ 　答

$J_n=\displaystyle\int_0^{\frac{\pi}{2}}\sin^n x dx,\ \ h_n=\int_0^{\frac{\pi}{2}}\cos^n x dx$ とおくと

$J_n=\displaystyle\int_0^{\frac{\pi}{2}}\sin^{n-1}x\sin x dx$

$\quad =\Big[\sin^{n-1}x(-\cos x)\Big]_0^{\frac{\pi}{2}}$ 　　部分積分

$\qquad\qquad\qquad -(n-1)\displaystyle\int_0^{\frac{\pi}{2}}\sin^{n-2}x\cdot\cos x(-\cos x)dx$

$\quad =(n-1)\displaystyle\int_0^{\frac{\pi}{2}}\sin^{n-2}x(1-\sin^2 x)dx$

$\quad =(n-1)(J_{n-2}-J_n)$

$\Leftrightarrow\ \ J_n=\dfrac{n-1}{n}J_{n-2}$

また J_n において $x=\dfrac{\pi}{2}-\theta$ とおくと

$$J_n=\int_0^{\frac{\pi}{2}}\sin^n x\,dx$$

$$=\int_{\frac{\pi}{2}}^0\sin^n\left(\dfrac{\pi}{2}-\theta\right)(-1)d\theta$$

$$=\int_0^{\frac{\pi}{2}}\cos^n\theta\,d\theta=h_n$$

$$\left(\begin{array}{l}\sin\left(\dfrac{\pi}{2}-\theta\right)=\cos\theta\\[6pt]\cos\left(\dfrac{\pi}{2}-\theta\right)=\sin\theta\\[6pt]\text{を使うため}\end{array}\right)$$

よって，$I_n=J_n+h_n$

$$=\dfrac{n-1}{n}J_{n-2}+\dfrac{n-1}{n}h_{n-2}$$

$$=\dfrac{n-1}{n}(J_{n-2}+h_{n-2})=\dfrac{n-1}{n}I_{n-2}\quad\boxed{\text{答}}$$

Point

▶ ウォリスの公式

$$I_n=\int_0^{\frac{\pi}{2}}\sin^n x\,dx=\int_0^{\frac{\pi}{2}}\cos^n x\,dx\ \text{とおくと}$$

$$I_n=\dfrac{n-1}{n}I_{n-2}$$

$$=\dfrac{n-1}{n}\cdot\dfrac{n-3}{n-2}I_{n-4}$$

$$\vdots$$

$$=\dfrac{n-1}{n}\cdot\dfrac{n-3}{n-2}\cdots\cdots\begin{cases}\dfrac{2}{3}\cdot 1 & (n：奇数)\\[8pt]\dfrac{3}{4}\cdot\dfrac{1}{2}\cdot\dfrac{\pi}{2} & (n：偶数)\end{cases}$$

となる。

たとえば $I_6=\displaystyle\int_0^{\frac{\pi}{2}}\sin^6 x\,dx=\dfrac{5}{6}\cdot\dfrac{3}{4}\cdot\dfrac{1}{2}\cdot\dfrac{\pi}{2}=\dfrac{5}{32}\pi$

$I_n = \int_0^{\frac{\pi}{4}} \tan^n x dx$ とおく。

(1) I_1, I_2 の値を求めよ。

(2) $n \geqq 3$ のとき，$I_n + I_{n-2}$ を n を用いて表し，さらに I_5, I_6 の値を求めよ。

解答目安時間 4分　　難易度 ▶▶▶▷▷

解答

$I_n = \int_0^{\frac{\pi}{4}} \tan^n x$ において

(1) $I_1 = \int_0^{\frac{\pi}{4}} \tan x dx = \Big[-\log|\cos x| \Big]_0^{\frac{\pi}{4}}$

$= -\log \frac{1}{\sqrt{2}} = \dfrac{1}{2} \log 2$ 答

$I_2 = \int_0^{\frac{\pi}{4}} \tan^2 x dx$

$= \int_0^{\frac{\pi}{4}} \Big(\frac{1}{\cos^2 x} - 1 \Big) dx$　$\Big\rangle \tan^2 x + 1 = \dfrac{1}{\cos^2 x}$

$= [\tan x - x]_0^{\frac{\pi}{4}} = 1 - \dfrac{\pi}{4}$ 答

(2) $I_n + I_{n-2} = \int_0^{\frac{\pi}{4}} \tan^n x dx + \int_0^{\frac{\pi}{4}} \tan^{n-2} x dx$

$= \int_0^{\frac{\pi}{4}} \tan^{n-2} x (\tan^2 x + 1) dx$

$= \int_0^{\frac{\pi}{4}} \tan^{n-2} x \cdot \dfrac{1}{\cos^2 x} dx$

$= \int_0^1 t^{n-2} dt = \Big[\dfrac{1}{n-1} t^{n-1} \Big]_0^1$　$\left(\begin{array}{l} t = \tan x \\ \text{とおくと} \\ dt = \dfrac{1}{\cos^2 x} dx \end{array} \right)$

$$= \frac{1}{n-1} \quad \text{答}$$

よって，$I_n = \dfrac{1}{n-1} - I_{n-2}$ であるから

$$I_3 = \frac{1}{2} - I_1 = \frac{1}{2} - \frac{1}{2}\log 2$$

$$I_4 = \frac{1}{3} - I_2 = \frac{1}{3} - \left(1 - \frac{\pi}{4}\right) = -\frac{2}{3} + \frac{\pi}{4}$$

$$I_5 = \frac{1}{4} - I_3 = \frac{1}{4} - \left(\frac{1}{2} - \frac{1}{2}\log 2\right) = -\frac{1}{4} + \frac{1}{2}\log 2 \quad \text{答}$$

$$I_6 = \frac{1}{5} - I_4 = \frac{1}{5} - \left(-\frac{2}{3} + \frac{\pi}{4}\right) = \frac{13}{15} - \frac{\pi}{4} \quad \text{答}$$

Point

▶ $\displaystyle \int \tan^n x\, dx = \int \tan^{n-2} x \cdot \tan^2 x\, dx$

$\displaystyle = \int \tan^{n-2} x \left(\frac{1}{\cos^2 x} - 1\right) dx$

$\displaystyle = \int \tan^{n-2} x \cdot \frac{1}{\cos^2 x}\, dx - \int \tan^{n-2} x\, dx$

$\displaystyle = \frac{1}{n-1}\tan^{n-1} x - \int \tan^{n-2} x\, dx$

つまり

$$\boxed{\int \tan^n x\, dx = \frac{1}{n-1}\tan^{n-1} x - \int \tan^{n-2} x\, dx}$$

これは公式化もされている。

次の計算をせよ。

(1) $\displaystyle\lim_{n\to\infty}\sum_{k=1}^{n}\frac{\pi}{n}\sin\frac{k\pi}{n}$

(2) $\displaystyle\lim_{n\to\infty}\frac{1}{\sqrt{n}}\sum_{k=1}^{n}\frac{1}{\sqrt{n+k}}$

解答目安時間 4分　　難易度 ▷▷▷▷▷

解 答

(1) $\displaystyle\lim_{n\to\infty}\sum_{k=1}^{n}\frac{\pi}{n}\sin\frac{k\pi}{n}=\pi\lim_{n\to\infty}\frac{1}{n}\sum_{k=1}^{n}\sin\frac{k}{n}\pi$

$\displaystyle\qquad\qquad\qquad\qquad\quad =\pi\int_{0}^{1}\sin\pi x\,dx$

$\displaystyle\qquad\qquad\qquad\qquad\quad =[-\cos\pi x]_{0}^{1}$

$\displaystyle\qquad\qquad\qquad\qquad\quad =2$ 答

(2) $\displaystyle\lim_{n\to\infty}\frac{1}{\sqrt{n}}\sum_{k=1}^{n}\frac{1}{\sqrt{n+k}}$

$\displaystyle\quad =\lim_{n\to\infty}\frac{\sqrt{n}}{n}\sum_{k=1}^{n}\frac{1}{\sqrt{n+k}}$

$\displaystyle\quad =\lim_{n\to\infty}\frac{1}{n}\sum_{k=1}^{n}\frac{\sqrt{n}}{\sqrt{n+k}}$ ⟩ 区分求積法の 3点setを作る

$\displaystyle\quad =\lim_{n\to\infty}\frac{1}{n}\sum_{k=1}^{n}\frac{1}{\sqrt{1+\dfrac{k}{n}}}$ ⟩ $\dfrac{k}{n}$ を作る

$\displaystyle\quad =\int_{0}^{1}\frac{1}{\sqrt{1+x}}\,dx\ \left(y=\frac{1}{\sqrt{1+x}}\ は\ 0\leqq x\leqq1\ で連続\right)$

$\displaystyle\quad =\int_{0}^{1}(1+x)^{-\frac{1}{2}}dx$

$$=\left[2(1+x)^{\frac{1}{2}}\right]_0^1$$

$$=2(\sqrt{2}-1) \quad 答$$

Point

▶ 区分求積法

これは積分の定義とも言われている。

$$\begin{cases} \lim_{n \to \infty} \dfrac{1}{n} \sum_{k=1}^{n} f\left(\dfrac{k}{n}\right) = \int_0^1 f(x)dx & \cdots ⓐ \\ \lim_{n \to \infty} \dfrac{1}{n} \sum_{k=0}^{n-1} f\left(\dfrac{k}{n}\right) = \int_0^1 f(x)dx & \cdots ⓘ \end{cases}$$

ⓐは $\sum$ が $k=1 \to k=n$ による $\dfrac{k}{n}$

ⓘは $\sum$ が $k=0 \to k=n-1$ による $\dfrac{k}{n}$

いずれも 0〜1 を n 等分していると考える。

特記すべきことは $\displaystyle\lim_{n \to \infty} \dfrac{1}{n} \sum$

この3点 set がきたら $\dfrac{k}{n}$ を作り $\dfrac{k}{n}=x$

とおくと区分求積法にあてはまる。

《注》 $f(x)$ は定義域で連続であることを明示すると良い。不連続な場所があると積分ができないからである。

次の計算をせよ。

(1) $\displaystyle \lim_{n\to\infty}\frac{1}{n}\sum_{k=1}^{n}\cos\frac{k\pi}{3n}$

(2) $\displaystyle \lim_{n\to\infty}\left(\frac{1}{n+1}+\frac{1}{n+2}+\cdots+\frac{1}{n+n}\right)$

解答目安時間 3分   難易度

解答

(1) $\displaystyle \lim_{n\to\infty}\frac{1}{n}\sum_{k=1}^{n}\cos\frac{k\pi}{3n}$ ← すでに3点setができてる

$\displaystyle =\lim_{n\to\infty}\frac{1}{n}\sum_{k=1}^{n}\cos\frac{\pi}{3}\frac{k}{n}$ ← $\dfrac{k}{n}=x$とおく

$\displaystyle =\int_{0}^{1}\cos\frac{\pi}{3}x\,dx$

$\displaystyle =\left[\frac{3}{\pi}\sin\frac{\pi}{3}x\right]_{0}^{1}$

$\displaystyle =\frac{3}{\pi}\sin\frac{\pi}{3}$

$\displaystyle =\boldsymbol{\frac{3\sqrt{3}}{2\pi}}$ 答

(2)　$\displaystyle\lim_{n\to\infty}\left(\frac{1}{n+1}+\frac{1}{n+2}+\cdots+\frac{1}{n+n}\right)$

$\displaystyle=\lim_{n\to\infty}\sum_{k=1}^{n}\frac{1}{n+k}$

$\displaystyle=\lim_{n\to\infty}\frac{1}{n}\sum_{k=1}^{n}\frac{n}{n+k}$　←　区分求積法の 3点 set を作る（p.181 を参照）

$\displaystyle=\lim_{n\to\infty}\frac{1}{n}\sum_{k=1}^{n}\frac{1}{1+\dfrac{k}{n}}$　←　$\dfrac{k}{n}$ を作る

$\displaystyle=\int_{0}^{1}\frac{1}{1+x}dx$　$\left(0\leqq x\leqq 1\ \text{で}\ y=\dfrac{1}{1+x}\ \text{は連続}\right)$

$\displaystyle=\Bigl[\log|1+x|\Bigr]_{0}^{1}$

$=\log 2$　答

Point
▶　前項で扱った区分求積法の公式に合わせるために まず，$\sum$ の式を作り $\displaystyle\lim_{n\to\infty}\frac{1}{n}\sum_{k=1}^{n}$ の 3 点 set を作る。

(1)　$\displaystyle\lim_{n\to\infty}\sum_{k=1}^{n}\dfrac{1}{1+\dfrac{k}{n}}\cdot\dfrac{1}{n}$ を $a,\ b,\ f(x)$ を適当に決めるこ

とで定積分 $\displaystyle\int_a^b f(x)dx$ の形で書き直せ。また，計算

して値を求めよ。

(2)　$\displaystyle\lim_{n\to\infty}\sum_{k=1}^{n}\log_e\left(1+\dfrac{k}{n}\right)^{\frac{1}{n}}$ の値を求めよ。

解答目安時間　4 分　　難易度

解　答

(1)　$\displaystyle\lim_{n\to\infty}\sum_{k=1}^{n}\dfrac{1}{1+\dfrac{k}{n}}\cdot\dfrac{1}{n}$

$=\displaystyle\lim_{n\to\infty}\dfrac{1}{n}\sum_{k=1}^{n}\dfrac{1}{1+\dfrac{k}{n}}$

$\left(3\text{ 点 set を作り，}\dfrac{k}{n}=x\text{ とおく}\right)$

$=\displaystyle\int_0^1\dfrac{1}{1+x}dx$ 答　　（p.181 を参照）

$\left(y=\dfrac{1}{1+x}\text{ は }0\leqq x\leqq1\text{ で連続}\right)$

$=\Bigl[\log|1+x|\Bigr]_0^1$

$=\mathbf{log2}$ 答

184

(2) $\displaystyle\lim_{n\to\infty}\sum_{k=1}^{n}\log_e\left(1+\frac{k}{n}\right)^{\frac{1}{n}}$

$=\displaystyle\lim_{n\to\infty}\frac{1}{n}\sum_{k=1}^{n}\log_e\left(1+\frac{k}{n}\right)$

$=\displaystyle\int_0^1\log(1+x)dx\cdots\cdots$（底 e は省略可）

$=\displaystyle\Big[(1+x)\log(1+x)\Big]_0^1-\int_0^1(1+x)\frac{1}{1+x}dx$ ）部分積分

$=2\log2-\Big[x\Big]_0^1$

$=\mathbf{2\log2-1}$ 答

Point

▶ 区分求積法

$$\boxed{\lim_{n\to\infty}\frac{1}{n}\sum_{k=1}^{n}f\left(\frac{k}{n}\right)=\int_0^1 f(x)dx}\ は$$

$$\boxed{\lim_{n\to\infty}\sum_{k=1}^{n}\frac{1}{n}f\left(\frac{k}{n}\right)}\ も可である。$$

$\displaystyle\sum_{k=1}^{n}$ は k の値に依存しているので，$\dfrac{1}{n}$ は $\displaystyle\sum_{k=1}^{n}$ の前後に位置しても不変。

$$\lim_{n \to \infty}\left(\frac{1}{1+n^2} + \frac{2}{4+n^2} + \frac{3}{9+n^2} + \cdots\cdots + \frac{n}{2n^2}\right)$$ を計算

せよ。

解答目安時間　4分　　　難易度

解答

$$\lim_{n \to \infty}\left(\frac{1}{1+n^2} + \frac{2}{4+n^2} + \frac{3}{9+n^2} + \cdots + \frac{n}{2n^2}\right)$$

$$=\lim_{n \to \infty}\sum_{k=1}^{n}\frac{k}{k^2+n^2}$$

区分求積法の
3点 set を作る （p.181 を参照）

$$=\lim_{n \to \infty}\frac{1}{n}\sum_{k=1}^{n}\frac{nk}{k^2+n^2}$$

n^2 で約分をして
$\dfrac{k}{n}$ を作る

$$=\lim_{n \to \infty}\frac{1}{n}\sum_{k=1}^{n}\frac{\dfrac{k}{n}}{\left(\dfrac{k}{n}\right)^2+1}$$

$\dfrac{k}{n}=x$ とおく

$\left(y=\dfrac{x}{x^2+1}\ は\ 0\leqq x\leqq1\ で連続\right)$

$$=\int_{0}^{1}\frac{x}{x^2+1}dx$$

$\int\dfrac{f'(x)}{f(x)}dx=\log|f(x)|+C$
の利用

$$=\left[\frac{1}{2}\log(x^2+1)\right]_{0}^{1}$$

$$=\frac{1}{2}\log2 \quad 答$$

Point

▶ $\displaystyle\lim_{n\to\infty}\frac{1}{n}\sum_{k=1}^{n}f\left(\frac{k}{n}\right)$ について

$$k : 1 \rightarrow n \text{ のとき}$$
$$x=\frac{k}{n} : \frac{1}{n} \rightarrow 1$$

この $n \to \infty$ にすると

$x : 0 \rightarrow 1$ となるから積分区間が $\displaystyle\int_0^1 f(x)dx$ になる。

（例）

$\displaystyle\lim_{n\to\infty}\sum_{k=1}^{4n}\frac{nk}{k^2+n^2}$ の値を求めると

$$\text{上式}=\lim_{n\to\infty}\sum_{k=1}^{4n}\frac{\dfrac{k}{n}}{\left(\dfrac{k}{n}\right)^2+1}$$

$$=\int_0^4 \frac{x}{x^2+1}dx$$

$$=\left[\frac{1}{2}\log(x^2+1)\right]_0^4$$

$$=\frac{1}{2}\log 17$$

$$\left(\begin{array}{l}\dfrac{k}{n}=x \text{ とすると}\\ k:1\to 4n \text{ なので}\\ x=\dfrac{k}{n}:\dfrac{1}{n}\to 4\\ \text{この } n\to\infty \text{ にして}\\ x:0\to 4\end{array}\right)$$

6-23 積分を含む等式の積分

不定積分 $I_1 = \displaystyle\int \frac{1}{4-t^2}dt$, $I_2 = \displaystyle\int \frac{t}{4-t^2}dt$ をそれぞれ求めよ。

また，$0 \leq x \leq 1$ に対して $f(x) = \displaystyle\int_0^1 \left|\frac{x-t}{4-t^2}\right|dt$ とおくとき，関数 $f(x)$ の導関数 $f'(x)$ を求め，$f(x)$ が最小値をとるときの x の値を求めよ。

解答目安時間 6分　　難易度 ▶▶▶▶▶

解 答

$I_1 = \displaystyle\int \frac{1}{4-t^2}dt$

$\quad = \displaystyle\int \frac{1}{(2+t)(2-t)}dt$

$\quad = \displaystyle\int \frac{(2+t)+(2-t)}{(2+t)(2-t)} \cdot \frac{1}{4}dt$ 〉約分を作る

$\quad = \dfrac{1}{4}\displaystyle\int \left(\frac{1}{2-t} + \frac{1}{2+t}\right)dt$ 〉部分分数を作る

$\quad = \dfrac{1}{4}(-\log|2-t| + \log|2+t|) + C$

$\quad = \boldsymbol{\dfrac{1}{4}\log\left|\dfrac{2+t}{2-t}\right| + C}$ （C：積分定数）答

$I_2 = \displaystyle\int \frac{t}{4-t^2}dt$

$\quad = -\dfrac{1}{2}\displaystyle\int \frac{-2t}{4-t^2}dt$ 〉$\displaystyle\int \frac{f'(x)}{f(x)}dx = \log|f(x)| + C$ の形を作る

$\quad = \boldsymbol{-\dfrac{1}{2}\log|4-t^2| + C}$ （C：積分定数）答

$$f(x)=\int_0^1\left|\frac{x-t}{4-t^2}\right|dt\ \ (0\leqq x\leqq1)\ \text{において，積分区間}$$

$0\leqq t\leqq1$ に注意して $g(t)=\left|\dfrac{x-t}{4-t^2}\right|$ を考えると

$$g(t)=\frac{|x-t|}{|4-t^2|}$$

$$=\frac{|x-t|}{4-t^2}\ \ (0\leqq t\leqq1\ \text{なので}\ 4-t^2>0)$$

また，t の関数 $y=|x-t|$ のグラフは，$0\leqq x\leqq1$ に注意して

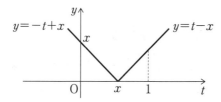

したがって

$$f(x)=\int_0^1 g(t)dt=\int_0^1\frac{|x-t|}{4-t^2}dt$$

$$=\int_0^x\frac{-t+x}{4-t^2}dt+\int_x^1\frac{t-x}{4-t^2}dt$$

$$=-\int_0^x\frac{t}{4-t^2}dt+x\int_0^x\frac{1}{4-t^2}dt$$

$$+\int_x^1\frac{t}{4-t^2}dt-x\int_x^1\frac{1}{4-t^2}dt$$

$$=-\int_0^x\frac{t}{4-t^2}dt+x\int_0^x\frac{1}{4-t^2}dt$$

$$-\int_1^x\frac{t}{4-t^2}dt+x\int_1^x\frac{1}{4-t^2}dt$$

$$f'(x) = -\frac{x}{4-x^2} + \left(1 \cdot \int_0^x \frac{1}{4-t^2}\,dt + x \cdot \frac{1}{4-x^2}\right)$$

$$-\frac{x}{4-x^2} + \left(1 \cdot \int_1^x \frac{1}{4-t^2}\,dt + x \cdot \frac{1}{4-x^2}\right)$$

$$= \int_0^x \frac{1}{4-t^2}\,dt + \int_1^x \frac{1}{4-t^2}\,dt$$

$$= \left[\frac{1}{4}\log\left|\frac{2+t}{2-t}\right|\right]_0^x + \left[\frac{1}{4}\log\left|\frac{2+t}{2-t}\right|\right]_1^x$$ ⟩ I_1 のこと

$$= \frac{1}{4}\log\frac{2+x}{2-x} + \frac{1}{4}\log\frac{2+x}{2-x} - \frac{1}{4}\log 3$$

$$= \frac{1}{4}\log\left(\frac{2+x}{2-x}\right)^2 \cdot \frac{1}{3}$$

$f'(x) = 0$ をとくと，$\left(\dfrac{2+x}{2-x}\right)^2 \cdot \dfrac{1}{3} = 1$ は $0 \le x \le 1$ より

$$\frac{2+x}{2-x} = \sqrt{3}$$

これを解いて

$$2+x = \sqrt{3}(2-x)$$

$$(\sqrt{3}+1)x = 2(\sqrt{3}-1)$$

$$x = \frac{2(\sqrt{3}-1)}{\sqrt{3}+1}$$

$$= (\sqrt{3}-1)^2$$

$$= 4 - 2\sqrt{3}$$

x	0	$\cdots$	$4-2\sqrt{3}$	$\cdots$	1
$f'(x)$		$-$	0	$+$	
$f(x)$		$\searrow$		$\nearrow$	

増減表より，$x=4-2\sqrt{3}$ で極小値をとる。　答

Point

▶ 積分を含む等式の積分

公式1
$$\left(\int_a^x f(t)dt\right)' = f(x) \quad (a：定数)$$

公式2
$$\left(\int_a^{g(x)} f(t)dt\right)' = f(g(x))\times g'(x) \quad (a：定数)$$

上の 公式1 公式2 で注意することは

$$\int_a^x f(t)dt$$

　　t の関数のみになること

たとえば $\int_a^x xf(t)dt$ の場合

$$\int_a^x xf(t)dt = x\int_a^x f(t)dt$$

　　x の積の関数とみる

これを x で微分すると積の関数の微分公式を用いて

$$\left(\int_a^x xf(t)dt\right)' = 1\cdot\int_a^x f(t)dt + x\left(\int_a^x f(t)dt\right)'$$
$$= \int_a^x f(t)dt + x\cdot f(x)$$

a を定数とするとき，$\displaystyle\int a\sin ax\,dx=$ 　ア　 $+C$（C は積分定数）である。$f(a)=\displaystyle\int_0^{2\pi} a\sin ax\,dx$ とおく。a が $0\leqq a<1$ の範囲を動くとき，$f(a)$ は $a=$ 　イ　 で最小値 　ウ　 をとり，$a=$ 　エ　 で最大値 　オ　 をとる。空欄を求めよ。

解答目安時間 3分　　難易度 ▶▶▷▷▷

解　答

$$\int a\sin ax\,dx=a\left(-\frac{1}{a}\right)\cos ax+C$$
$$=-\cos ax+C \quad（C：積分定数）$$

$$f(a)=\int_0^{2\pi} a\sin ax\,dx$$
$$=\Bigl[-\cos ax\Bigr]_0^{2\pi}=-\cos 2a\pi+1$$

$0\leqq a<1$ なので，$\quad 0\leqq 2a\pi<2\pi$

よって，$-1\leqq\cos 2a\pi\leqq 1$

したがって $2a\pi=\pi$，すなわち $a=\dfrac{1}{2}$ のとき

最大値 $f\left(\dfrac{1}{2}\right)=\mathbf{2}$ 答

$2a\pi=0$，つまり $a=\mathbf{0}$ のとき

最小値 $f(0)=\mathbf{0}$ 答

Point

▶ 積分区間が定数のとき，その積分の値は定数なので，実際に積分計算するのが好ましい。

6 -25 積分方程式

関数 $f(x)$ が式 $f(x)=e^x-\displaystyle\int_0^1 tf(t)xdt$ をみたすとき，$f(x)$ を求めよ。

解答目安時間 4分　　難易度 ▶▶▶▷▷

解 答

$$f(x)=e^x-\int_0^1 tf(t)xdt$$

$$=e^x-x\int_0^1 tf(t)dt \quad \cdots①$$

ここで $\displaystyle\int_0^1 tf(t)dt=A$（定数）とおくと，①は

$$f(x)=e^x-Ax \quad \cdots② \quad となる。$$

よって，$A=\displaystyle\int_0^1 tf(t)dt=\int_0^1 t(e^t-At)dt$ （②より）

$$=\int_0^1 (te^t-At^2)dt=\left[(t-1)e^t-\frac{A}{3}t^3\right]_0^1$$

$$=-\frac{A}{3}+1$$

よって，$A=\dfrac{3}{4}$　ゆえに　$f(x)=e^x-\dfrac{3}{4}x$ 答

Point

▶ 積分区間が定数区間の定積分の値は定数なので A とおく。本問では $\displaystyle\int_0^1 tf(t)\cdot xdt$ の x は t に無関係 なので $x\displaystyle\int_0^1 tf(t)dt$ としてから，積分部分 $\displaystyle\int_0^1 tf(t)dt=A$ とした。

6-26 融合型の積分方程式

関数 $f(x)$ が $\displaystyle\int_a^{2x} f(t)dt = xe^x + x\int_0^1 f(t)dt$ をみたす

とき，a の値を求めよ。また，$f(x)$ を計算せよ。

解答目安時間　5分　　難易度 ▶▶▶▶▶

解　答

$\displaystyle\int_a^{2x} f(t)dt = xe^x + x\int_0^1 f(t)dt$　…①

$\displaystyle\int_0^1 f(t)dt = A$（定数）とおくと，①は

$\displaystyle\int_a^{2x} f(t)dt = xe^x + Ax$　…②

この両辺を x で微分すると

$f(2x) \cdot (2x)' = 1 \cdot e^x + xe^x + A$

$\Longleftrightarrow \quad 2f(2x) = (1+x)e^x + A$

$2x$ の代わりに x と置き換えて

$2f(x) = \left(1 + \dfrac{x}{2}\right)e^{\frac{x}{2}} + A$

$\Longleftrightarrow \quad f(x) = \left(\dfrac{x}{4} + \dfrac{1}{2}\right)e^{\frac{x}{2}} + \dfrac{A}{2}$　…③

ここで $A = \displaystyle\int_0^1 f(t)dt$ なので，

$\displaystyle\int_0^1 \left\{\left(\dfrac{t}{4} + \dfrac{1}{2}\right)e^{\frac{t}{2}} + \dfrac{A}{2}\right\}dt$　（③より）　　$\dfrac{t}{2} = u$ として

$= \displaystyle\int_0^{\frac{1}{2}} \left\{\left(\dfrac{1}{2}u + \dfrac{1}{2}\right)e^u + \dfrac{A}{2}\right\} \cdot 2du$　　$\dfrac{1}{2}dt = du$

$= \displaystyle\int_0^{\frac{1}{2}} \{(u+1)e^u + A\}du$

194

$$=\left[(u+1-1)e^u+Au\right]_0^{\frac{1}{2}} \quad (瞬間部分積分より)$$

$$=\frac{1}{2}e^{\frac{1}{2}}+\frac{1}{2}A$$

これがAに等しいから，$A=e^{\frac{1}{2}}=\sqrt{e}$

③より，

$$f(x)=\left(\frac{x}{4}+\frac{1}{2}\right)e^{\frac{x}{2}}+\frac{\sqrt{e}}{2} \quad \boxed{答}$$

また，②の式に$x=\dfrac{a}{2}$ を代入すると，

$$\int_a^a f(t)dt=\frac{a}{2}e^{\frac{a}{2}}+A\cdot\frac{a}{2}$$

つまり，$0=\dfrac{a}{2}e^{\frac{a}{2}}+\sqrt{e}\,\dfrac{a}{2}$

$$=\frac{a}{2}\left(\sqrt{e^a}+\sqrt{e}\right) \text{ なので } a=0 \quad \boxed{答}$$

《注》　$e^{\frac{a}{2}}>0$，$\sqrt{e}>0$ である。

Point

▶ $\displaystyle\int_a^a f(x)dx=0$ であることを使うために本問後半では

$x=\dfrac{a}{2}$ を代入する。

$y>0$ とし，x と y との間に $x=\dfrac{1}{a}\displaystyle\int_1^y \dfrac{1}{t^3}dt$ という関係があるとする。ただし，a は 0 でない実数である。

(1) y^2 を x で表せ。

(2) y を x の関数とみなし，$y=f(x)$ と記す。すべての正の実数が $y=f(x)$ の定義域に属するように実数 a の値の範囲を求めよ。また，このとき $\displaystyle\lim_{x\to\infty}f(x)$ を計算せよ。

解答目安時間 4分   難易度 ▶▶▶▶▷

解答

(1) $x=\dfrac{1}{a}\displaystyle\int_1^y \dfrac{1}{t^3}dt$

$=\dfrac{1}{a}\left[-\dfrac{1}{2}\cdot\dfrac{1}{t^2}\right]_1^y$

$=-\dfrac{1}{2a}\cdot\left(\dfrac{1}{y^2}-1\right)$

$\Longleftrightarrow\ 2ax-1=-\dfrac{1}{y^2}$

$\Longleftrightarrow\ y^2=\dfrac{1}{1-2ax}$ 答

(2) $y>0$ より，(1)は

$y=\sqrt{\dfrac{1}{1-2ax}}=\dfrac{1}{\sqrt{1-2ax}}=f(x)$

すべての正の実数が $y=f(x)$ の定義域に属するとは $x>0$ において，$\sqrt{\ }$ 内の $1-2ax>0$ となること。

よって，$1>2ax$

これを $\begin{cases} y=1 \\ y=2ax \ (x>0) \end{cases}$ として $y=2ax$ が $x>0$ で常に

$y=1$ の下にあるので，傾き $2a<0$（$a\neq0$より）

　よって，$a<0$

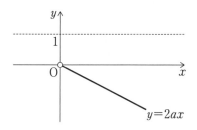

このとき $\displaystyle\lim_{x\to\infty}f(x)=\lim_{x\to\infty}\dfrac{1}{\sqrt{1-2ax}}=0$　答

（$a<0$ なので $1-2ax\to\infty$）

Point

▶ (1)で y^2 を求めさせることで $y^2\geqq0$ を担保する。本
　問の場合 $y^2=\dfrac{1}{1-2ax}>0$（等号はつかない）

▶ (2)では $x>0$ で $2ax<1$ が常に成り立つのは $y=2ax$
　が $y=1$ の下方に $x>0$ で存在することなので傾き
　に着目する。

197

時刻 t の関数として $x = a\sin(bt+c)$ で与えられるような運動がある。ここで a, b, c は定数で，$a \neq 0$，$b \neq 0$ である。$\dfrac{dx}{dt} = v$ とかくとき，(1)〜(3)の値を求めよ。

(1) $v^2 + b^2 x^2$ (2) $\displaystyle\int_0^{\frac{2\pi}{b}} v\,dt$ (3) $\displaystyle\int_0^{\frac{2\pi}{b}} v^2\,dt$

解答目安時間 3分   難易度 ▶▷▷▷▷

解 答

(1) $x = a\sin(bt+c)$ において，$v = \dfrac{dx}{dt}$ とかくとき

$$v = ab \cdot \cos(bt+c) \quad \cdots ①$$

よって，
$$v^2 + b^2 x^2 = a^2 b^2 \cos^2(bt+c) + b^2 \cdot a^2 \sin^2(bt+c)$$
$$= a^2 b^2 \{\cos^2(bt+c) + \sin^2(bt+c)\} = \boldsymbol{a^2 b^2} \quad 答$$

(2) $\displaystyle\int_0^{\frac{2\pi}{b}} v\,dt = \int_0^{\frac{2\pi}{b}} ab \cdot \cos(bt+c)\,dt$ （①より）

$$= ab\left[\frac{1}{b}\sin(bt+c)\right]_0^{\frac{2\pi}{b}}$$
$$= a\{\sin(2\pi+c) - \sin c\}$$
$$= \boldsymbol{0} \quad 答$$

(3) $\displaystyle\int_0^{\frac{2\pi}{b}} v^2\,dt = \int_0^{\frac{2\pi}{b}} a^2 b^2 \cdot \cos^2(bt+c)\,dt$

$$= a^2 b^2 \int_0^{\frac{2\pi}{b}} \frac{1}{2}\{1 + \cos(2bt+2c)\}\,dt$$

$$= \frac{a^2 b^2}{2} \left[t + \frac{1}{2b} \sin(2bt + 2c) \right]_0^{\frac{2\pi}{b}}$$

$$= \frac{a^2 b^2}{2} \left\{ \frac{2\pi}{b} + \frac{1}{2b}(\sin(4\pi + 2c) - \sin 2c) \right\}$$

$$= a^2 b \pi \quad \boxed{答}$$

Point

▶ 数直線の運動で $x = f(t)$ で表される点の運動の速度は $\dfrac{dx}{dt} = f'(t) = v$ と表すことが多い。

xy 座標平面上を運動している点 P がある。時刻 t のときの点 P の速度 $(v_x(t),\ v_y(t))$ が次の式をみたすとする：$\dfrac{dv_x}{dt}=kv_y,\ \ \dfrac{dv_y}{dt}=-kv_x$

ただし k は正の定数である。このとき

(1) $v_x=c\sin(kt+\alpha)$ (c は正の定数, α は定数)とかくとき, v_y を表せ。

(2) (1)のとき, 点 P の加速度の大きさを求めよ。

解答目安時間 3分　　難易度 ▶▶▷▷▷

解答

(1) $\dfrac{dv_x}{dt}=\dfrac{d}{dt}(c\cdot\sin(kt+\alpha))$

$\qquad\qquad =kc\cdot\cos(kt+\alpha)=kv_y$ なので

$\qquad v_y=\boldsymbol{c}\cdot\boldsymbol{\cos}(\boldsymbol{kt}+\boldsymbol{\alpha})$ 　答

(2) 点 P の加速度は, $\left(\dfrac{dv_x}{dt},\ \dfrac{dv_y}{dt}\right)$

$\qquad\qquad =(kv_y,\ -kv_x)=k(v_y,\ -v_x)$

点 P の加速度の大きさは, $k\sqrt{(v_y)^2+(-v_x)^2}$ （$k>0$ より）

$=k\sqrt{c^2\cdot\cos^2(kt+\alpha)+c^2\sin^2(kt+\alpha)}$

$=\boldsymbol{kc}$ （$c>0$ より）　答

（注）$v^2={v_x}^2+{v_y}^2$

この両辺を合成関数の微分を用いてtで微分すると

$\qquad\dfrac{d}{dt}(v^2)=\dfrac{dv_x}{dt}\cdot\dfrac{d}{dv_x}(v_x)^2+\dfrac{dv_y}{dt}\cdot\dfrac{d}{dv_y}(v_y)^2$

$\qquad\qquad\quad =\dfrac{dv_x}{dt}\cdot 2v_x+\dfrac{dv_y}{dt}\cdot 2v_y$

$$=2kv_xv_y-2kv_xv_y$$
$$=0$$

となるから v^2 は定数である。実際

$$v_x=c\sin(kt+\alpha), \quad v_y=c\cos(kt+\alpha)$$

であるから

$$v^2=v_x{}^2+v_y{}^2=c^2$$
$$\Leftrightarrow \quad v=c$$

となる

$\vec{v}=(v_x, \ v_y)$ と加速度 $\vec{a}=(kv_y, \ -kv_x)$ より,

$$\vec{v}\cdot\vec{a}=0 \quad \Leftrightarrow \quad \vec{v}\perp\vec{a} \quad \cdots(※)$$

すなわち，速さ一定でかつ(※)より点 P は，平面上で等速円運動を行う。

Point

▶ 速度ベクトル $(v_x, \ v_y)$ として加速度ベクトルは

$$(v_x{}', \ v_y{}')=\left(\frac{dv_x}{dt}, \ \frac{dv_y}{dt}\right)$$ で表せる。

《積分公式早見表》 (C:積分定数)

	$F(x)$	$\int F(x)dx$
①	x^p	$\dfrac{1}{p+1}x^{p+1}+C$ (p:有理数かつ $p \neq -1$)
②	$(ax+b)^p$ ( )内は1次式限定	$\dfrac{1}{a(p+1)}(ax+b)^{p+1}+C$ (p:有理数かつ $p \neq -1$)
③	$\sin x$	$-\cos x+C$
④	$\cos x$	$\sin x+C$
⑤	$\dfrac{1}{\cos^2 x}$	$\tan x+C$
⑥	$\dfrac{1}{\sin^2 x}$	$-\dfrac{1}{\tan x}+C$
⑦	$\sin(ax+b)$ ( )内は1次式限定 (以下⑧~⑩も同様)	$-\dfrac{1}{a}\cos(ax+b)+C$
⑧	$\cos(ax+b)$	$\dfrac{1}{a}\sin(ax+b)+C$
⑨	$\dfrac{1}{\cos^2(ax+b)}$	$\dfrac{1}{a}\tan(ax+b)+C$
⑩	$\dfrac{1}{\sin^2(ax+b)}$	$-\dfrac{1}{a\tan(ax+b)}+C$
⑪	$\log x$	$x\log x-x+C$
⑫	$\log(ax+b)$	$\dfrac{1}{a}(ax+b)\log(ax+b)-x+C$

⑬	e^x	$e^x + C$
⑭	e^{ax+b} 1次式限定	$\dfrac{1}{a}e^{ax+b} + C$
⑮	$\dfrac{f'(x)}{f(x)}$	$\log\lvert f(x)\rvert + C$

7-1 曲線上の接線で囲まれる面積

関数 $y=5\log x$ の $x=\dfrac{1}{3}$ における接線の方程式を求めよ。また，このとき，この関数と接線，および x 軸とで囲まれる部分の面積を求めよ。

解答目安時間 5分 難易度 ▶▶▷▷▷

解 答

$y=5\log x$ 上の点 $\left(\dfrac{1}{3},\ 5\log\dfrac{1}{3}\right)$ を T とすると，$y'=\dfrac{5}{x}$

より，$x=\dfrac{1}{3}$ における接線
の傾きは，$y'=15$ なので，
T における接線は

$$y-5\log\dfrac{1}{3}=15\left(x-\dfrac{1}{3}\right)$$

$$\Leftrightarrow\ y=15x-5+5\log\dfrac{1}{3}$$

$$=\mathbf{15x-5-5\log3}\quad 答$$

この接線と x 軸との交
点を A とすると

$$A\left(\dfrac{1+\log3}{3},\ 0\right)$$

さらに，右図のように

$B\left(\dfrac{1}{3}, 0\right)$, $D(1, 0)$ とおくと

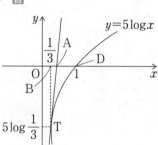

求める面積は ー と表せる。

よって，$\displaystyle\int_{\frac{1}{3}}^{1}(0-5\log x)dx-\frac{1}{3}\log 3\cdot 5\log 3\cdot\frac{1}{2}$

 $\underbrace{}_{y=0\ (x\text{軸})}$

$=-5\Big[x\log x-x\Big]_{\frac{1}{3}}^{1}-\dfrac{5}{6}(\log 3)^2$

$=-5\left\{-1-\left(\dfrac{1}{3}\log\dfrac{1}{3}-\dfrac{1}{3}\right)\right\}-\dfrac{5}{6}(\log 3)^2$

$=\mathbf{\dfrac{10}{3}-\dfrac{5}{3}\log 3-\dfrac{5}{6}(\log 3)^2}$ 答

Point

▶ 面積を求めるときは可能な限りグラフを書くこと。

▶ 点 $(\alpha,\ \beta)$ を通り，傾き m の直線は

$$\boxed{y-\beta=m(x-\alpha)}$$

傾き m

$(\alpha,\ \beta)$

$f(x)=(ax^2-x-b)(x^2+ax+c)$ を展開したとき，x^2 の係数が 0，x の係数が -5，定数項が -6 となるような自然数 a, b, c の値を求めよ。また，このとき，曲線 $y=f(x)$ と x 軸とで囲まれる部分の面積を求めよ。

解答目安時間 6分　難易度 ▶▶▶▷▷

解答

$f(x)=(ax^2-x-b)(x^2+ax+c)$

$\quad =ax^4+(a^2-1)x^3+(ac-a-b)x^2+(-c-ab)x-bc$

ここで，x^2 の係数　$ac-a-b=0$　…①

$\qquad\quad x$ の係数　$-c-ab=-5$　…②

$\qquad\quad$ 定数項　$-bc=-6$　　　…③

②を用いて c を消去して整理すると，①と③は

$\quad a^2b-4a+b=0$　…④

$\quad ab^2-5b+6=0$　…⑤

④より，$b=\dfrac{4a}{a^2+1}$ を⑤へ代入して

$$a\left(\dfrac{4a}{a^2+1}\right)^2-5\left(\dfrac{4a}{a^2+1}\right)+6=0$$

$\quad\Longleftrightarrow\quad 3a^4-2a^3+6a^2-10a+3=0$

$\quad\Longleftrightarrow\quad (a-1)(3a^3+a^2+7a-3)=0$

$a\geqq 1$ において，$3a^3+a^2+7a\geqq 11$ より，

$3a^3+a^2+7a-3\neq 0$ なので

$\quad a=\mathbf{1}, \ b=\mathbf{2}, \ c=\mathbf{3}$ 答

よって，

$$f(x) = (x^2 - x - 2)(x^2 + x + 3)$$
$$= (x - 2)(x + 1)(x^2 + x + 3)$$

また，$x^2 + x + 3 = \left(x + \dfrac{1}{2}\right)^2 + \dfrac{11}{4} > 0$ であるから，

$f(x) = 0$ を解くと $x = -1$ or 2

また，$-1 \leqq x \leqq 2$ で $f(x) \leqq 0$

求める面積は $\displaystyle\int_{-1}^{2} \{0 - f(x)\} dx$ ◀── 0 は $y = 0$（x 軸）

$$= -\int_{-1}^{2} (x^4 - 5x - 6) dx$$

$$= -\left[\dfrac{1}{5} x^5 - \dfrac{5}{2} x^2 - 6x \right]_{-1}^{2}$$

$$= -\dfrac{1}{5}(32 + 1) + \dfrac{5}{2}(4 - 1) + 6(2 + 1)$$

$$= \dfrac{189}{10} \quad \text{答}$$

Point

▶ $y = f(x)$ と x 軸との共有点は，$y = f(x)$ と $y = 0$ を連立した方程式 $f(x) = 0$ の実数解である。

点 $(0, 1)$ を通り，かつ，$y=e^{ax}+1$ のグラフに接する直線の方程式と接点の座標を求めよ。ただし，$a>0$ とする。また，このグラフと接線，および y 軸とで囲まれる部分の面積を求めよ。

解答目安時間 4分　　難易度 ◗◗▷▷▷

解 答

接点を T$(t, e^{at}+1)$ とおくと

$y=e^{ax}+1$ の導関数は，$y'=ae^{ax}$

$x=t$ における接線の傾きは，

$y'=ae^{at}$

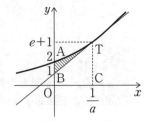

$y=e^{ax}+1$

T

$(0, 1)$

よって，T における接線は

$$y-(e^{at}+1)=ae^{at}(x-t)$$

$$\iff y=ae^{at}x+(1-at)e^{at}+1 \quad \cdots(*)$$

これが $(0, 1)$ を通るので，$1=(1-at)e^{at}+1$

$e^{at}>0$ なので $1-at=0 \iff t=\dfrac{1}{a}$

このとき $(*)$ より，接線は **$y=aex+1$** 答

接点は T$\left(\dfrac{1}{a}, e+1\right)$ 答

$a>0$ であるから，

A$(0, 2)$，B$(0, 1)$，C$\left(\dfrac{1}{a}, 0\right)$

として右図より，求める面積は

$$= \int_0^{\frac{1}{a}} (e^{ax}+1)dx - (1+e+1)\frac{1}{a}\cdot\frac{1}{2}$$

$$= \left[\frac{1}{a}e^{ax}+x\right]_0^{\frac{1}{a}} - \frac{e+2}{2a}$$

$$= \frac{1}{a}e + \frac{1}{a} - \frac{1}{a} - \frac{e+2}{2a} = \boldsymbol{\frac{e-2}{2a}} \quad \boxed{答}$$

Point

▶ "接線は接点なくして語れず"
　→まず接点 T をおく
▶ x の 1 次式の積分は直角三角形や台形の面積になるので，図形を利用して積分計算を省く。

0≤x≤π において，次の曲線と直線で囲まれた図形の面積を求めよ。

$$y=\sin x(1+\cos x), \quad y=0$$

解答目安時間 3分　　難易度 ◗◖◗◗◗

解　答

$y=\sin x(1+\cos x)$　…①

$y=0$　…②

①と②の交点は連立して

$\sin x(1+\cos x)=0$

$\iff \quad \sin x=0 \quad \text{or} \quad 1+\cos x=0$

よって，　$0≤x≤π$ において

$x=0 \quad \text{or} \quad π$

右図より求める面積は，

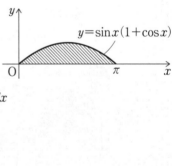

$\displaystyle \int_0^{\pi} y\,dx$

$\displaystyle =\int_0^{\pi}\sin x(1+\cos x)\,dx$

$\displaystyle =\left[-\frac{1}{2}(1+\cos x)^2\right]_0^{\pi}$

$\displaystyle =0+\frac{1}{2}\cdot 2^2=\mathbf{2}$　答

《注》 $0 \leqq x \leqq \pi$ において，$\sin x(1+\cos x) \geqq 0$ である。

また，$(1+\cos x)' = -\sin x$ であるから，

$$\int \sin x(1+\cos x)dx = -\frac{1}{2}(1+\cos x)^2 + C$$

（Cは積分定数）

Point

▶ 囲む→交わる→連立する

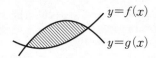

$y = f(x)$ と $y = g(x)$ とで囲まれる。

↓

$y = f(x)$ と $y = g(x)$ が交わるから

↓

交点の x 座標を求めるために連立方程式 $f(x) = g(x)$ を解く。

7-5 曲線と直線で囲まれた図形の面積②

次の曲線と直線で囲まれた図形の面積を求めよ。

$$y=\frac{4(x-1)}{x+2}, \quad x=-1, \quad x=4, \quad y=0$$

解答目安時間 4分 　難易度 ▶▶▷▷▷

解 答

$y=\dfrac{4(x-1)}{x+2}$ の漸近線は $x=-2$, $y=4$ であるから概形
は下図の通り。

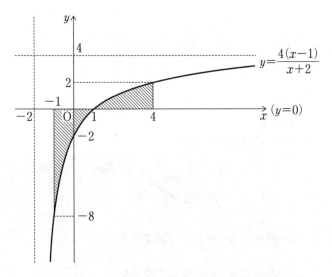

よって，求める面積を S とすると

$$S=\int_{-1}^{1}(0-y)dx+\int_{1}^{4}ydx$$

$$=\int_1^{-1} y\,dx + \int_1^4 y\,dx$$

ここで，$\displaystyle\int y\,dx = \int \frac{4(x-1)}{x+2}\,dx$

$$=4\int \frac{x+2-3}{x+2}\,dx$$

$$=4\int \left(1 - \frac{3}{x+2}\right)dx$$

$$=4(x - 3\log|x+2|) + C$$

$$(C：積分定数)$$

$F(x)=4(x-3\log|x+2|)$ とおくと

$$S = \left[F(x)\right]_1^{-1} + \left[F(x)\right]_1^4$$

$$= F(-1) + F(4) - 2F(1)$$

$$= 4(-1) + 4(4 - 3\log6) - 8(1 - 3\log3)$$

$$= \mathbf{4 - 12\log6 + 24\log3}　答$$

Point

▶ 1 次分数関数 $y = \dfrac{ax+b}{cx+d}$ の漸近線は

$$\boxed{cx+d=0 \ \ と \ \ y=\frac{a}{c}}$$

▶ 複数回同じ関数を積分するときは，

その関数の不定積分 $\displaystyle\int f(x)\,dx = F(x) + C$ を作り，

$F(x)$ の x に値を代入すると計算が容易になること
が多い。

次の曲線と直線で囲まれた図形の面積を求めよ。

$$y=3e^{2x}-6ex, \quad x=0, \quad y=0$$

(解答目安時間) 3分 (難易度)

解 答

$y=3e^{2x}-6ex$ の導関数は,

$$y'=6e^{2x}-6e=6e(e^{2x-1}-1)$$

$y'=0$ を解くと, $e^{2x-1}=1$

つまり, $2x-1=0 \quad \Leftrightarrow \quad x=\dfrac{1}{2}$

増減表から右下のグラフになるので, 求める面積は

x	$(-\infty)$	$\cdots$	$\dfrac{1}{2}$	$\cdots$	(∞)
y'		$-$	0	$+$	
y	(∞)	$\searrow$	0	$\nearrow$	(∞)

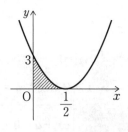

$$\int_0^{\frac{1}{2}} y\,dx$$

$$=\int_0^{\frac{1}{2}}(3e^{2x}-6ex)dx$$

$$=\left[\dfrac{3}{2}e^{2x}-3ex^2\right]_0^{\frac{1}{2}}$$

$$=\dfrac{3}{2}e-\dfrac{3}{4}e-\dfrac{3}{2}$$

$$=\boldsymbol{\dfrac{3}{4}e-\dfrac{3}{2}} \quad \text{答}$$

Point

▶ 増減表の作成

数Ⅲにおける増減表では，定義域が $-\infty < x < \infty$ の場合，増減表に $x \to \pm\infty$ も入れておきたい。

▶ 本問の場合

$$\lim_{x \to \infty} y = \lim_{x \to \infty}(3e^{2x} - 6ex) = \infty \quad \cdots(*)$$

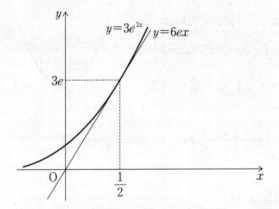

$y = 6ex$ は上図のように $y = 3e^{2x}$ 上の点 $\left(\dfrac{1}{2},\ 3e\right)$ における接線である。この図から $(*)$ がわかる。

また，$\displaystyle\lim_{x \to -\infty} y = \infty$ は明らかである。

次の曲線と直線で囲まれた図形の面積を求めよ。

$$x=2t+1, \quad y=t^2+t-2, \quad x \text{ 軸}$$

解答目安時間 4分 　　難易度 ▶▶▶▷▷

解答

$$\begin{cases} x=2t+1 & \cdots ① \\ y=t^2+t-2 & \cdots ② \end{cases}$$

①より，$t=\dfrac{1}{2}(x-1)$ を②へ代入して

$$y=t^2+t-2=(t+2)(t-1)$$
$$=\left(\frac{x-1}{2}+2\right)\left(\frac{x-1}{2}-1\right)=\frac{1}{4}(x+3)(x-3)$$

よって，求める面積は

$$\int_{-3}^{3}\left\{0-\frac{1}{4}(x+3)(x-3)\right\}dx$$

$$=-\frac{1}{4}\int_{-3}^{3}(x+3)(x-3)dx$$

（Point 参照）

$$=\left(-\frac{1}{4}\right)\cdot\left(-\frac{1}{6}\right)\cdot(3-(-3))^3=\frac{6^3}{24}=\mathbf{9} \quad 答$$

Point

▶ 変数（パラメーター）を消去できるときは $y=f(x)$ の形にしてグラフをかく。

▶ $$\int_{\alpha}^{\beta}(x-\alpha)(x-\beta)dx=-\frac{1}{6}(\beta-\alpha)^3$$

7-8 曲線と直線で囲まれた図形の面積⑤

次の曲線と直線で囲まれた図形の面積を求めよ。

$$x = \cos^4\theta, \quad y = \sin^4\theta \left(0 \leqq \theta \leqq \frac{\pi}{2}\right), \quad x\text{ 軸}, \quad y\text{ 軸}$$

解答目安時間 4 分　　難易度 ▶▶▶▷▷

解 答

$$\begin{cases} x = \cos^4\theta \geqq 0 \\ y = \sin^4\theta \geqq 0 \end{cases} \left(0 \leqq \theta \leqq \frac{\pi}{2}\right) \text{は}$$

$\sqrt{x} + \sqrt{y} = \cos^2\theta + \sin^2\theta = 1$ をみたす。

よって，$y = \left(1 - \sqrt{x}\right)^2$

求める面積は

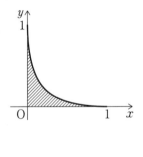

$$\int_0^1 y\,dx = \int_0^1 \left(1 - \sqrt{x}\right)^2 dx$$

$$= \int_0^1 \left(1 - 2\sqrt{x} + x\right)dx$$

$$= \left[x - \frac{4}{3}x^{\frac{3}{2}} + \frac{1}{2}x^2\right]_0^1$$

$$= 1 - \frac{4}{3} + \frac{1}{2} = \frac{\mathbf{1}}{\mathbf{6}} \quad \boxed{答}$$

Point

▶ $\sqrt{x} + \sqrt{y} = \sqrt{a}$ $(a > 0)$ の
グラフは x 軸，y 軸と
$(a, 0)$，$(0, a)$ で接する
放物線の一部で $y = x$
上に軸がある。このグ
ラフは覚えておきたい。

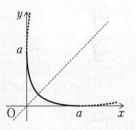

次の曲線と直線で囲まれた図形の面積を求めよ。

$$x=\theta-\sin\theta, \quad y=1-\cos\theta, \quad x 軸 \ (0\leqq\theta\leqq2\pi)$$

解答目安時間 6分　難易度

解答

$$\begin{cases} x=\theta-\sin\theta \\ y=1-\cos\theta \end{cases} より, \quad \begin{cases} \dfrac{dx}{d\theta}=1-\cos\theta \\ \dfrac{dy}{d\theta}=\sin\theta \end{cases}$$

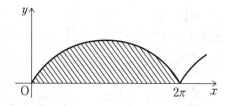

$$S=\int_0^{2\pi} y\,dx$$

$$=\int_0^{2\pi}(1-\cos\theta)\frac{dx}{d\theta}d\theta \qquad \Big\rangle x で積分から \theta で積分に変換$$

$$=\int_0^{2\pi}(1-\cos\theta)(1-\cos\theta)d\theta$$

$$=\int_0^{2\pi}(1-2\cos\theta+\cos^2\theta)d\theta \qquad \Big\rangle \cos^2\theta=\frac{1}{2}(1+\cos2\theta)$$

$$=\int_0^{2\pi}\Big(\frac{1}{2}\cos2\theta-2\cos\theta+\frac{3}{2}\Big)d\theta$$

$$=\Big[\frac{1}{4}\sin2\theta-2\sin\theta+\frac{3}{2}\theta\Big]_0^{2\pi}$$

$$=3\pi \quad \boxed{答}$$

《注》　$S=\displaystyle\int_0^{2\pi} y\,dx$ を求めるところは，$x=\theta-\sin\theta$,

$y=1-\cos\theta$ と置換する，と考えればよい。

$$dx=(1-\cos\theta)d\theta$$

であるから，

x	$0 \to 2\pi$
θ	$0 \to 2\pi$

$$S=\int_0^{2\pi}(1-\cos\theta)^2 d\theta$$

となる。

Point

▶ サイクロイド

$$\begin{cases} x=r(\theta-\sin\theta) \\ y=r(1-\cos\theta) \end{cases}$$

この式で表される曲線をサイクロイドという。

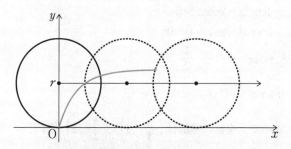

O で接する半径 r の円の O に印をつけて x 軸上を
すべらずに転がしたときの印の動いた跡をサイクロ
イド曲線という。

$0 \leqq x \leqq \dfrac{\pi}{2}$ の範囲において，2つの曲線 $y = 4\sin^2 \dfrac{x}{2}$

と $y = -2\cos 2x$ の交点の座標を求めよ。また，2つの

曲線で囲まれる部分の面積を求めよ。

（解答目安時間）5分　　　（難易度）

解答

$$\begin{cases} y = 4\sin^2 \dfrac{x}{2} = f(x) \\ y = -2\cos 2x = g(x) \end{cases}$$

とおくと，交点は連立して

$$4\sin^2 \dfrac{x}{2} = -2\cos 2x$$

$$\Longleftrightarrow \quad 4 \cdot \dfrac{1}{2}(1 - \cos x) \qquad \begin{array}{l} \sin^2 \dfrac{x}{2} = \dfrac{1}{2}(1 - \cos x) \\ （半角の公式） \end{array}$$

$$= -2(2\cos^2 x - 1)$$

$$4\cos^2 x - 2\cos x = 0$$

$$2\cos x(2\cos x - 1) = 0$$

$$\cos x = 0 \quad \text{or} \quad \dfrac{1}{2}$$

$0 \leqq x \leqq \dfrac{\pi}{2}$ に注意して，$x = \dfrac{\pi}{3}$, $\dfrac{\pi}{2}$

よって，交点の座標は $\left(\dfrac{\pi}{3}, \ 1 \right)$, $\left(\dfrac{\pi}{2}, \ 2 \right)$ 答

$\dfrac{\pi}{3} \leqq x \leqq \dfrac{\pi}{2}$ において

$$g(x) - f(x) = 2\cos x(1 - 2\cos x) \geqq 0$$

であるから，$g(x) \geqq f(x)$

よって，求める面積は

$$S = \int_{\frac{\pi}{3}}^{\frac{\pi}{2}} (g(x) - f(x)) dx$$

$$= \int_{\frac{\pi}{3}}^{\frac{\pi}{2}} \left(-2\cos 2x - 4\sin^2 \frac{x}{2} \right) dx$$

$$= \int_{\frac{\pi}{3}}^{\frac{\pi}{2}} \{ -2\cos 2x - 2(1 - \cos x) \} dx$$

$$= \left[-\sin 2x - 2x + 2\sin x \right]_{\frac{\pi}{3}}^{\frac{\pi}{2}}$$

$$= (-\pi + 2) - \left(-\frac{\sqrt{3}}{2} - \frac{2}{3}\pi + \sqrt{3} \right)$$

$$= 2 - \frac{\pi}{3} - \frac{\sqrt{3}}{2} \quad \text{答}$$

Point

▶ 曲線で囲まれる面積

曲線で囲まれる面積を求めるとき，たとえば，
$y = f(x)$，$y = g(x)$ が $\alpha \leqq x \leqq \beta$ で囲まれているとすれば $f(x)$ と $g(x)$ の大小関係を明らかにしてから面積を求める。決して $\left| \int_{\alpha}^{\beta} \{ f(x) - g(x) \} dx \right|$ として絶対値でごまかしてはいけない。必然的に求まらないときのみ絶対値を使う。不必要に絶対値の積分をすることを大学側は望んでいないはず。

$y = \dfrac{e^x + e^{-x}}{2}$ の逆関数を求めよ。ただし，$x \geqq 0$ とする。また，この逆関数のグラフと x 軸，および直線 $x = 2$ で囲まれた部分の面積を求めよ。

解答目安時間　6分　　難易度 ◗◗◗◗◗

解 答

$y = \dfrac{e^x + e^{-x}}{2} \ (x \geqq 0)$ は，x と y が 1 対 1 対応であるから，逆関数が存在する。

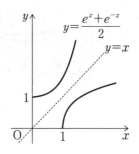

$e^x = X$ とおけば $(X \geqq 1)$，

$$y = \frac{e^x + e^{-x}}{2}$$

$$= \frac{1}{2}\left(X + \frac{1}{X}\right)$$

$\Longleftrightarrow \quad X^2 - 2yX + 1 = 0$

$\Longleftrightarrow \quad X = y \pm \sqrt{y^2 - 1}$

$X \geqq 1$ かつ $y \geqq 1$ に注意して，$X = y + \sqrt{y^2 - 1}$
よって

$$e^x = y + \sqrt{y^2 - 1} \quad \Longleftrightarrow \quad x = \log\left(y + \sqrt{y^2 - 1}\right)$$

x と y を交換して，

$$\boldsymbol{y = \log\left(x + \sqrt{x^2 - 1}\right)} \quad \text{(逆関数)} \quad \boxed{答}$$

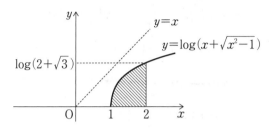

　上図の斜線部分の面積は，逆関数の性質から，$y=x$ に対称な下図の斜線部分の面積に等しい。

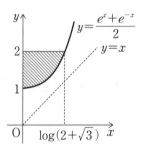

　これは

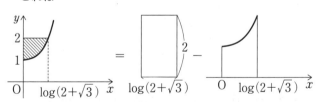

$$=2\log(2+\sqrt{3})-\int_0^{\log(2+\sqrt{3})}\frac{1}{2}(e^x+e^{-x})dx$$

$$=2\log(2+\sqrt{3})-\frac{1}{2}[e^x-e^{-x}]_0^{\log(2+\sqrt{3})}$$

$$=2\log(2+\sqrt{3})-\frac{1}{2}\left\{(2+\sqrt{3})-\frac{1}{2+\sqrt{3}}\right\}$$

$$=\mathbf{2\log(2+\sqrt{3})-\sqrt{3}} \quad 答$$

Point

▶ $y=\dfrac{e^x+e^{-x}}{2}$ はカテナリー曲線。

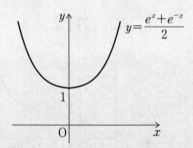

▶ 逆関数で囲まれる面積を求めるときは，$y=x$ に対称となる逆関数の逆関数(元の関数)を考えることが多い。

▶ $\boxed{e^{\log k}=k}$ は公式 ($k>0$)

7-12 曲線と接線で囲まれた図形の面積

曲線 $y=\log x$ を l とし，$x=a$（$a>e$ とする）での接線を m とする。直線 m の方程式を求め，x 軸と y 軸と曲線 l および直線 m で囲まれた部分の面積 p を求めよ。また，y 軸と $y=\log a$ および直線 m で囲まれた部分の面積を q とすると $\lim\limits_{a\to\infty}\dfrac{p}{q}$ の値を求めよ。

解答目安時間 5分　　難易度 ▶▶▶▷▷

解 答

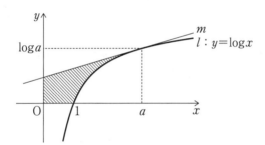

$y=\log x$ の導関数は $y'=\dfrac{1}{x}$ なので，$x=a$ における接線

の傾きは $y'=\dfrac{1}{a}$

よって，直線 m は

$$y-\log a=\frac{1}{a}(x-a)$$

$$\Leftrightarrow \quad y=\frac{1}{a}x-1+\log a \quad 答$$

求める面積 $p=$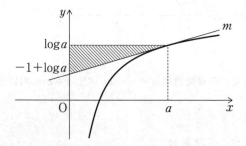

$$= \frac{(-1+\log a+\log a)\cdot a}{2} - \int_1^a \log x\,dx$$

$$= \frac{1}{2}a(2\log a-1) - \left[x\log x - x\right]_1^a$$

$$= a\log a - \frac{1}{2}a - (a\log a - a + 1)$$

$$= \frac{1}{2}a-1 \quad \boxed{\text{答}}$$

y 軸と $y=\log a$ および直線 m で囲まれた部分の面積は下の図のようになるので

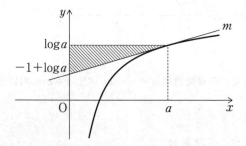

求める面積 $q=1\cdot a\cdot\dfrac{1}{2}=\dfrac{1}{2}a$

よって，$\displaystyle\lim_{a\to\infty}\frac{p}{q}=\lim_{a\to\infty}\frac{\dfrac{1}{2}a-1}{\dfrac{1}{2}a}=\lim_{a\to\infty}\left(1-\dfrac{1}{\dfrac{1}{2}a}\right)=\mathbf{1}$ 答

Point

▶ 直線の積分

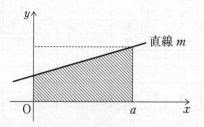

本問では直線 m を積分することになるが，直線を積分することは結果的に台形の面積に等しくなることを使うのが得策。

7-13 ヨコ切りの面積

$0 \leq \theta \leq \pi$ において $x=\sin2\theta$, $y=\sin\theta$ で定義された曲線 C がある。このとき

(1) 曲線 C の概形をかけ。

(2) 点 $\left(0, -\dfrac{1}{4}\right)$ から曲線 C に引いた接線の方程式を求めよ。ただし，接線の傾きは正とする。また，この接線と曲線 C および直線 $y=1$ で囲まれる図形の面積を求めよ。

解答目安時間 6分　　難易度

解答

(1) まず $0 \leq \theta \leq \pi$ における $\begin{cases} x=\sin2\theta \\ y=\sin\theta \end{cases}$ の増減表をかく。

$$\begin{cases} \dfrac{dx}{d\theta}=2\cos2\theta \\ \dfrac{dy}{d\theta}=\cos\theta \end{cases}$$ だから，増減表は下のようになり，

θ	0	$\cdots$	$\dfrac{\pi}{4}$	$\cdots$	$\dfrac{\pi}{2}$	$\cdots$	$\dfrac{3}{4}\pi$	$\cdots$	π
$dx/d\theta$	(2)	$+$	0	$-$	$-$	$-$	0	$+$	(2)
$dy/d\theta$	(1)	$+$	$+$	$+$	0	$-$	$-$	$-$	(-1)
x	0	$\rightarrow$	1	$\leftarrow$	0	$\leftarrow$	-1	$\rightarrow$	0
y	0	$\uparrow$	$\dfrac{1}{\sqrt{2}}$	$\uparrow$	1	$\downarrow$	$\dfrac{1}{\sqrt{2}}$	$\downarrow$	0

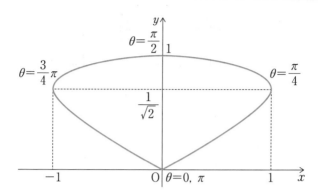

(2)

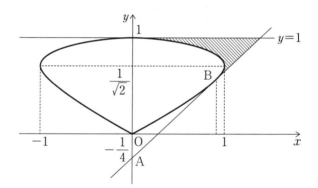

$A\left(0,\ -\dfrac{1}{4}\right)$, 接点 $B(\sin2\theta,\ \sin\theta)$ とおくと B におけ

る接線の傾きは AB の傾きと同じであるから

$$y'=\frac{dy}{dx}=\frac{dy/d\theta}{dx/d\theta}$$

$$=\frac{\cos\theta}{2\cos2\theta}=\frac{\sin\theta+\dfrac{1}{4}}{\sin2\theta}$$

$\iff \sin2\theta\cos\theta = 2\cos2\theta\left(\sin\theta + \dfrac{1}{4}\right)$

$\iff 2\sin\theta(1-\sin^2\theta) = 2(1-2\sin^2\theta)\left(\sin\theta + \dfrac{1}{4}\right)$

$\iff (2\sin\theta-1)(2\sin^2\theta+2\sin\theta+1) = 0$

よって，$\sin\theta = \dfrac{1}{2}$ から $\theta = \dfrac{\pi}{6}$

$\mathrm{B}\left(\dfrac{\sqrt{3}}{2},\ \dfrac{1}{2}\right)$

$\theta = \dfrac{\pi}{6}$ における接線の傾きは $y' = \dfrac{\sqrt{3}}{2}$ であるので

接線は $y = \dfrac{\sqrt{3}}{2}\left(x - \dfrac{\sqrt{3}}{2}\right) + \dfrac{1}{2}$

$\qquad = \dfrac{\sqrt{3}}{2}x - \dfrac{1}{4}$ 答

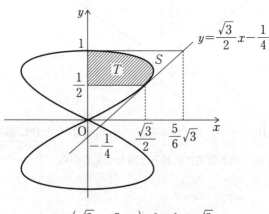

$S + T = \left(\dfrac{\sqrt{3}}{2} + \dfrac{5}{6}\sqrt{3}\right)\cdot\dfrac{1}{2}\cdot\dfrac{1}{2} = \dfrac{\sqrt{3}}{3}$

$$T = \int_{\frac{1}{2}}^{1} x\,dy = \int_{\frac{1}{2}}^{1} \sin 2\theta\,dy$$

$$= \int_{\frac{\pi}{6}}^{\frac{\pi}{2}} \sin 2\theta \frac{dy}{d\theta}\,d\theta = \int_{\frac{\pi}{6}}^{\frac{\pi}{2}} \sin 2\theta \cos\theta\,d\theta$$

$$= \int_{\frac{\pi}{6}}^{\frac{\pi}{2}} 2\cos^2\theta \sin\theta\,d\theta = \left[-\frac{2}{3}(\cos\theta)^3 \right]_{\frac{\pi}{6}}^{\frac{\pi}{2}}$$

$$= -\frac{2}{3}\left(0 - \left(\frac{\sqrt{3}}{2} \right)^3 \right) = \frac{\sqrt{3}}{4}$$

よって，$S = \dfrac{\sqrt{3}}{3} - \dfrac{\sqrt{3}}{4} = \dfrac{\boldsymbol{\sqrt{3}}}{\boldsymbol{12}}$ 答

Point

▶ 曲線と x 軸・y 軸で囲まれた図形の面積

タテ切りの面積 S は
右図より

$$\boxed{S = \int_{\alpha}^{\beta} y\,dx}$$

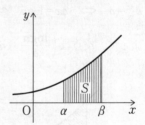

ヨコ切りの面積 T は
右図より

$$\boxed{T = \int_{\gamma}^{\delta} x\,dy}$$

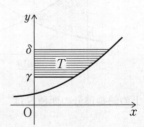

$a>1$ とするとき，2つの曲線 $y=e^{ax}$ と $y=a^2e^{-ax}$ の交点の座標を a を用いて表せ。また，この2つの曲線と y 軸とで囲まれた部分の面積を求めよ。

（解答目安時間 **4分**）　　（難易度 ▶▶▶▷▷）

解　答

$y=e^{ax}$ と $y=a^2e^{-ax}$ を連立して

$$e^{ax}=a^2e^{-ax}=a^2\frac{1}{e^{ax}}$$

$$\Longleftrightarrow \quad (e^{ax})^2-a^2=0$$

$$(e^{ax}+a)(e^{ax}-a)=0$$

$e^{ax}+a>0$ であるから $(a>1$ より$)$，

$$e^{ax}=a \quad \Longleftrightarrow \quad ax=\log a \quad \Longleftrightarrow \quad x=\frac{\log a}{a}$$

よって，交点は $\left(\dfrac{\log a}{a},\ a\right)$ 答

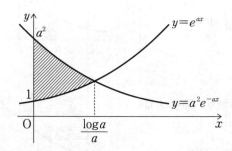

上の斜線部分の面積 S は

$$S=\int_0^{\frac{\log a}{a}}(a^2e^{-ax}-e^{ax})dx$$

$$=\left[-ae^{-ax}-\frac{1}{a}e^{ax}\right]_0^{\frac{\log a}{a}}$$

$$=-ae^{-\log a}-\frac{1}{a}e^{\log a}+a+\frac{1}{a}$$

$$=-a\cdot\frac{1}{a}-\frac{1}{a}\cdot a+a+\frac{1}{a}$$

$$=\boldsymbol{a-2+\frac{1}{a}}\quad\text{答}$$

Point

▶ 2つ以上のグラフで囲まれる面積を求めるときは可能な限りグラフを明示すること。グラフの上下関係を把握して立式するのが正道である。絶対値を付けてごまかすやり方を散見するがこれは好ましくない。

7-15 ロピタルの定理の利用

$f(x)=xe^{-|x|}$ とする。

(1) $f(x)$ の最大値を求めよ。

(2) $y=f(x)$ のグラフと x 軸と直線 $x=-2$, $x=2$ で囲まれてできる図形の面積を求めよ。

解答目安時間 4分 難易度

解 答

(1) $f(x)=xe^{-|x|}=\begin{cases} xe^{-x} & (x\geqq0) \\ xe^{x} & (x\leqq0) \end{cases}$

よって，$f'(x)=\begin{cases} (1-x)e^{-x} & (x\geqq0) \\ (1+x)e^{x} & (x\leqq0) \end{cases}$

x	$(-\infty)$	$\cdots$	-1	$\cdots$	0	$\cdots$	1	$\cdots$	(∞)
$f'(x)$		$-$	0	$+$	1	$+$	0	$-$	
$f(x)$	(0)	$\searrow$	$-\dfrac{1}{e}$	$\nearrow$	0	$\nearrow$	$\dfrac{1}{e}$	$\searrow$	(0)

最大値 $f(1)=\dfrac{1}{e}$

答

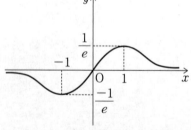

(2) $f(-x)=-f(x)$ であるから，$y=f(x)$ は原点対称に注意して，求める面積を S とすると

$$\frac{S}{2}=\int_0^2 xe^{-x}dx$$

$$= \left[-(x+1)e^{-x} \right]_0^2$$

$$= -3e^{-2}+1$$

$$S = 2(-3e^{-2}+1) \quad \boxed{答}$$

Point

▶ ロピタルの定理の利用

① $\lim_{x \to \infty} f(x) = 0$, $\lim_{x \to \infty} g(x) = 0$ のとき

$$\boxed{\lim_{x \to \infty} \frac{f(x)}{g(x)} = \lim_{x \to \infty} \frac{f'(x)}{g'(x)}}$$

② もう少し詳しく書くと（**about** ですが…）

$\lim_{x \to a} \dfrac{f(x)}{g(x)}$ が不定形，つまり $\dfrac{\infty}{\infty}$ や $\dfrac{0}{0}$ となるとき

$$\boxed{\lim_{x \to a} \frac{f(x)}{g(x)} = \lim_{x \to a} \frac{f'(x)}{g'(x)}}$$

が成り立つ。

誘導のない設問には使わざるをえないのが現状で，
本問では増減表の $x \to \pm\infty$ に使っている。

$$\lim_{x \to \infty} xe^{-x} = \lim_{x \to \infty} \frac{x}{e^x} = \lim_{x \to \infty} \frac{1}{e^x} = 0$$

ロピタルの定理

$0 \leq x \leq 3\pi$ において，連立不等式 $\begin{cases} y \leq 12x\sin x \\ y \geq 6x \end{cases}$

をみたす領域の面積 S を求めよ。

解答目安時間 4分 難易度 ▶▶▶▶▷

解答

$y = 12x\sin x$ と $y = 6x$ を連立すると

$12x\sin x = 6x \iff 6x(2\sin x - 1) = 0$

$x = 0$ or $\sin x = \dfrac{1}{2}$ より，$x = 0,\ \dfrac{\pi}{6},\ \dfrac{5}{6}\pi,\ \dfrac{13}{6}\pi,\ \cdots$

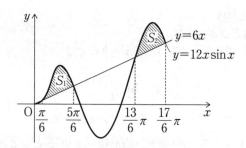

$S_1 = \displaystyle\int_{\frac{\pi}{6}}^{\frac{5}{6}\pi} (12x\sin x - 6x)\,dx$

$= \left[12x(-\cos x) + 12\sin x - 3x^2 \right]_{\frac{\pi}{6}}^{\frac{5}{6}\pi}$

$= 12 \cdot \dfrac{5\pi}{6} \cdot \dfrac{\sqrt{3}}{2} + 12 \cdot \dfrac{1}{2} - 3\left(\dfrac{5}{6}\pi \right)^2$

$\qquad - \left\{ 12 \cdot \dfrac{\pi}{6}\left(-\dfrac{\sqrt{3}}{2} \right) + 12 \cdot \dfrac{1}{2} - 3\left(\dfrac{\pi}{6} \right)^2 \right\}$

$$=6\sqrt{3}\,\pi-2\pi^2$$

$$S_2=\int_{\frac{13}{6}\pi}^{\frac{17}{6}\pi}(12x\sin x-6x)dx$$

$$=\left[-12x\cos x+12\sin x-3x^2\right]_{\frac{13}{6}\pi}^{\frac{17}{6}\pi}$$

$$=34\pi\cdot\frac{\sqrt{3}}{2}+12\cdot\frac{1}{2}-3\left(\frac{17}{6}\pi\right)^2$$

$$\qquad\qquad+26\pi\cdot\frac{\sqrt{3}}{2}-12\cdot\frac{1}{2}+3\left(\frac{13}{6}\pi\right)^2$$

$$=30\sqrt{3}\,\pi-10\pi^2$$

ゆえに

$$S=S_1+S_2=\mathbf{36\sqrt{3}\,\pi-12\pi^2}\quad\boxed{答}$$

Point

▶ $y=x\sin x$ のグラフイメージ

$y=x\sin x$ のグラフのイメージは，$-1\leqq\sin x\leqq1$ より

$x\geqq0$ のとき，$-x\leqq x\sin x\leqq x$

$x\leqq0$ のとき，$-x\geqq x\sin x\geqq x$

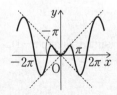

7-17 瞬間部分積分

曲線 $y=6x\cos2x$ と $y=6x\sin x$ の交点の座標を求めよ。また，この2つの曲線で囲まれた部分の面積を求めよ。ただし，$0\leqq x\leqq\dfrac{\pi}{2}$ とする。

| 解答目安時間 | 6分 | | 難易度 |

解 答

$$\begin{cases} y=6x\cos2x=f(x) & \cdots① \\ y=6x\sin x=g(x) & \cdots② \end{cases}$$

とおくと，①②の交点は連立をして

$$6x\cos2x=6x\sin x$$

$$\Longleftrightarrow \quad 6x(\cos2x-\sin x)=0$$

$$\Longleftrightarrow \quad -6x(\sin x+1)(2\sin x-1)=0 \quad \left.\begin{array}{c} \\ \end{array}\right) \cos2x=1-2\sin^2x$$

$0\leqq x\leqq\dfrac{\pi}{2}$ に注意して，

$$x=0 \quad \text{or} \quad \sin x=\dfrac{1}{2}$$

$$\Longleftrightarrow \quad x=0 \quad \text{or} \quad \dfrac{\pi}{6}$$

よって，交点の座標は $(\mathbf{0,\ 0})$ or $\left(\dfrac{\boldsymbol{\pi}}{\mathbf{6}},\ \dfrac{\boldsymbol{\pi}}{\mathbf{2}}\right)$ 答

$0\leqq x\leqq\dfrac{\pi}{6}$ において

$$g(x)-f(x)=6x(\sin x+1)(2\sin x-1)\leqq0$$

であるから，$g(x)\leqq f(x)$ となる。

よって，求める面積は，

$$S=\int_0^{\frac{\pi}{6}}\{f(x)-g(x)\}dx$$

$$=\int_0^{\frac{\pi}{6}}(6x\cos 2x-6x\sin x)dx$$

$$=6\int_0^{\frac{\pi}{6}}(x\cos 2x-x\sin x)dx \quad \cdots ①$$

ここで $\int_0^{\frac{\pi}{6}}x\cos 2xdx$ において $2x=t$ とおくと，$x=\dfrac{1}{2}t$，

$dx=\dfrac{1}{2}dt$ と表せるので

$$\int_0^{\frac{\pi}{6}}x\cos 2xdx=\int_0^{\frac{\pi}{3}}\frac{1}{2}t\cdot\cos t\cdot\frac{1}{2}dt$$

$$\qquad\qquad\qquad =\frac{1}{4}[t\sin t+1\cdot\cos t]_0^{\frac{\pi}{3}}$$

Point④

$$\qquad\qquad\qquad =\frac{1}{4}\left(\frac{\pi}{3}\cdot\frac{\sqrt{3}}{2}+\frac{1}{2}-1\right)$$

$$\qquad\qquad\qquad =\frac{\sqrt{3}}{24}\pi-\frac{1}{8} \quad \cdots ②$$

また，$\displaystyle\int_0^{\frac{\pi}{6}}x\sin xdx=[x(-\cos x)+1\cdot\sin x]_0^{\frac{\pi}{6}}$ (Point ③)

$$\qquad\qquad\qquad =-\frac{\pi}{6}\cdot\frac{\sqrt{3}}{2}+\frac{1}{2}$$

$$\qquad\qquad\qquad =-\frac{\sqrt{3}}{12}\pi+\frac{1}{2} \quad \cdots ③$$

②③を①へ代入して

$$S = 6\left\{\left(\frac{\sqrt{3}}{24}\pi - \frac{1}{8}\right) - \left(-\frac{\sqrt{3}}{12}\pi + \frac{1}{2}\right)\right\}$$

$$= \frac{3}{4}(\sqrt{3}\pi - 5) \quad 答$$

Point

▶ 瞬間部分積分法（受験用語です）

$f(x)$：整式とするとき，簡易的に以下の積分計算ができる。

（C は積分定数）

$$① \int f(x)e^x dx = (f(x) - f'(x) + f''(x)$$
$$- f'''(x) + \cdots\cdots)e^x + C$$

$$② \int f(x)e^{-x} dx = -(f(x) + f'(x) + f''(x)$$
$$+ f'''(x) + \cdots\cdots)e^{-x} + C$$

$$③ \int f(x)\sin x dx = f(x)(-\cos x) + f'(x)\sin x$$
$$+ f''(x)(\cos x) + f'''(x)(-\sin x) + \cdots$$

$$④ \int f(x)\cos x dx = f(x)(\sin x) + f'(x)(\cos x)$$
$$+ f''(x)(-\sin x) + f'''(x)(-\cos x) + \cdots$$

7-18　y 軸回転体

曲線 $y=x^4$ と直線 $y=2$ とで囲まれた部分を，y 軸のまわりに 1 回転してできる立体の体積を求めよ。

解答目安時間　3分　　難易度

解 答

求める体積を V
とすると

$$V=\int_0^2 \pi x^2 dy$$

$$\frac{V}{\pi}=\int_0^2 \sqrt{y}\,dy$$

　（$y=x^4$ より，
　　　$x^2=\sqrt{y}$）

$$=\left[\frac{2}{3}y^{\frac{3}{2}}\right]_0^2=\frac{2}{3}2^{\frac{3}{2}}$$

$$V=\frac{4}{3}\sqrt{2}\,\pi \quad \text{答}$$

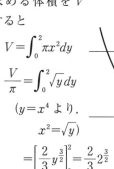

Point

▶ 回転体の体積
　　右図のような $y=f(x)$
　　（$\alpha \leqq x \leqq \beta$）を y 軸回転し
　　たときの回転体の体積は

$$V=\int_{f(\alpha)}^{f(\beta)} \pi x^2 dy$$

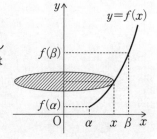

直線 $l : y = x - 1$ と曲線 $C : y^2 = -x + 3$ がある。このとき，l と C の交点の座標を求め，l と C で囲まれた図形 D の面積を求めよ。また，D を x 軸のまわりに 1 回転してできる立体の体積を求めよ。

解答目安時間 5分　　難易度 ▶▶▶▷▷

解答

$$\begin{cases} l : y = x - 1 \\ C : y^2 = -x + 3 \end{cases}$$

の交点は，連立して x を消去し，

$$y^2 + y = 2$$

$$\Longleftrightarrow \quad (y + 2)(y - 1) = 0$$

$$y = -2 \quad \text{or} \quad 1$$

よって，$(-1, -2)$ or $(2, 1)$ 答

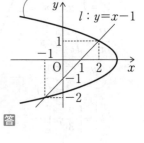

$$\begin{cases} C : x = -y^2 + 3 \\ l : x = y + 1 \end{cases}$$

と変形でき，先に求めた交点より，l と C で囲まれる図形 D の面積は

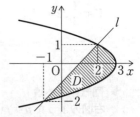

$$\int_{-2}^{1}\{(-y^2+3)-(y+1)\}dy$$

$$=-\int_{-2}^{1}(y+2)(y-1)dy \qquad \left(\int_{\alpha}^{\beta}(x-\alpha)(x-\beta)dx\right.$$

$$=-\frac{-1}{6}(1-(-2))^3 \longleftarrow \qquad \left.=-\frac{1}{6}(\beta-\alpha)^3 \text{ の利用}\right)$$

$$=\frac{1}{6}\cdot 3^3=\boldsymbol{\frac{9}{2}} \quad \boxed{答}$$

D を x 軸のまわりに回転すると以下の斜線部分の回転体になる。

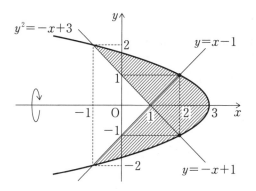

つまり，求める回転体の体積は

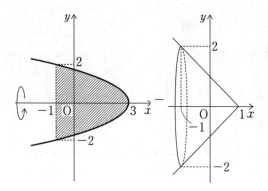

で求められるから

$$\int_{-1}^{3} \pi y^2 dx - \pi \cdot 2^2 \cdot 2 \cdot \frac{1}{3}$$

$$= \pi \int_{-1}^{3} (-x+3) dx - \frac{8}{3} \pi$$

$$= \pi \left[-\frac{1}{2} x^2 + 3x \right]_{-1}^{3} - \frac{8}{3} \pi$$

$$= 8\pi - \frac{8}{3} \pi = \frac{16}{3} \pi \quad \text{答}$$

Point

▶ 図示して立体的に把握する
面積も回転体も可能な限り図示して立体などを把握すること。

7-20 媒介変数表示された関数の回転体

曲線 $\begin{cases} x=\tan\theta \\ y=\cos2\theta \end{cases}$, $-\dfrac{\pi}{4}\leqq\theta\leqq\dfrac{\pi}{4}$ について，次の問

に答えよ。

(1) y の最大値を求めよ。

(2) この曲線を y 軸のまわりに1回転してできる回転体の体積を求めよ。

解答目安時間 5分　　難易度

解　答

(1) $-\dfrac{\pi}{4}\leqq\theta\leqq\dfrac{\pi}{4}$ より，$-\dfrac{\pi}{2}\leqq2\theta\leqq\dfrac{\pi}{2}$

したがって，$0\leqq\cos2\theta\leqq1$

y の最大値は **1**　答

(2) $\begin{cases} x=\tan\theta \\ y=\cos2\theta \end{cases}$ について，$\begin{cases} \dfrac{dx}{d\theta}=\dfrac{1}{\cos^2\theta}>0 \\ \dfrac{dy}{d\theta}=-2\sin2\theta \end{cases}$

θ	$-\dfrac{\pi}{4}$	$\cdots$	0	$\cdots$	$\dfrac{\pi}{4}$
$\dfrac{dx}{d\theta}$		$+$	$+$	$+$	
$\dfrac{dy}{d\theta}$		$+$	0	$-$	
x	-1	$\rightarrow$	$(\rightarrow)0$	$\rightarrow$	1
y	0	$\uparrow$	1	$\downarrow$	0

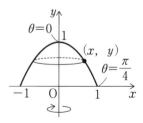

$$\begin{cases} x=\tan\theta=f(\theta) \\ y=\cos2\theta=g(\theta) \end{cases} \text{として } f(-\theta)=-f(\theta), \quad g(-\theta)=g(\theta)$$

であるから $-\dfrac{\pi}{4}\leqq\theta\leqq\dfrac{\pi}{4}$ において y 軸対称である。

図によって求める体積は,

$$\int_0^1 \pi x^2 dy = \pi \int_{\frac{\pi}{4}}^0 (\tan\theta)^2 \frac{dy}{d\theta} d\theta$$

$$= \pi \int_{\frac{\pi}{4}}^0 (\tan\theta)^2 (-2\sin2\theta) d\theta$$

$$= 4\pi \int_0^{\frac{\pi}{4}} \frac{\sin^2\theta}{\cos^2\theta} \sin\theta \cdot \cos\theta d\theta$$

$$= 4\pi \int_0^{\frac{\pi}{4}} \frac{\sin^3\theta}{\cos\theta} d\theta$$

$$\downarrow \ (\cos\theta=t \text{ とおくと } -\sin\theta d\theta=dt)$$

$$= 4\pi \int_1^{\frac{1}{\sqrt{2}}} \frac{1-t^2}{t} (-dt)$$

$$= 4\pi \int_{\frac{1}{\sqrt{2}}}^1 \left(\frac{1}{t} - t\right) dt$$

$$= 4\pi \left[\log t - \frac{1}{2}t^2\right]_{\frac{1}{\sqrt{2}}}^1$$

$$= 4\pi \left\{-\frac{1}{2} - \left(\log\frac{1}{\sqrt{2}} - \frac{1}{4}\right)\right\}$$

$$= 4\pi \left(\frac{1}{2}\log2 - \frac{1}{4}\right)$$

$$= \pi(2\log2 - 1) \quad \text{答}$$

別解

$$y=\cos 2\theta=2\cos^2\theta-1$$

$$=\frac{2}{1+\tan^2\theta}-1$$

よって，$y=\dfrac{2}{1+x^2}-1$

ここで，$x^2=\dfrac{2}{1+y}-1$ なので

求める体積 V は

$$V=\int_0^1 \pi x^2 dy=\pi\int_0^1\left(\frac{2}{1+y}-1\right)dy$$

$$=\pi[2\log(y+1)-y]_0^1$$

$$=\pi(2\log 2-1) \quad \text{答}$$

Point

▶ 面積・体積の求め方

1. 面積も体積もグラフ化をしてから扱うのが得策。

2. y 軸回転につき，y 軸対称などのチェックをすると正しく求められる。

3. 本問は $y=\cos 2\theta=2\cos^2\theta-1=2\dfrac{1}{\tan^2\theta+1}-1$，

$x=\tan\theta$ であるから $y=\dfrac{2}{x^2+1}-1$

これを用いても求めることができる。

次の問いに答えよ。

(1)　関数 $y=\sqrt{x-1}$ のグラフの接線のうち原点を通る
ものの方程式および接点の座標を求めよ。

(2)　関数 $y=\sqrt{x-1}$ のグラフと x 軸と(1)で求めた接線
で囲まれてできた図形を x 軸のまわりに回転させ
る。こうして得られる立体の体積を求めよ。

$\boxed{\text{解答目安時間}}$ 5分　　$\boxed{\text{難易度}}$ ▶▶▶▷▷

解　答

(1)　$y=\sqrt{x-1}$ 上の点を
$\mathrm{T}(t,\sqrt{t-1})$ とおくと

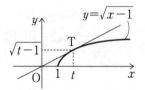

$y'=\dfrac{1}{2\sqrt{x-1}}$ より,

$x=t$ における OT の傾きは

$y'=\dfrac{\sqrt{t-1}}{t}$

つまり,　$\dfrac{\sqrt{t-1}}{t}=\dfrac{1}{2\sqrt{t-1}}$

これを解いて

$2(t-1)=t \iff t=2$

よって, 接点 T は $(\mathbf{2},\ \mathbf{1})$。

また, 求める接線は $y=\dfrac{1}{2}x$　$\boxed{答}$

(2) 求める体積は

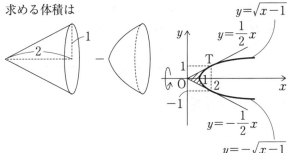

$$=\pi\cdot1^2\cdot2\cdot\frac{1}{3}-\int_1^2\pi y^2dx$$

$$=\frac{2}{3}\pi-\pi\int_1^2(x-1)dx \quad (y=\sqrt{x-1} \text{ より})$$

$$=\frac{2}{3}\pi-\pi\left[\frac{1}{2}(x-1)^2\right]_1^2=\frac{2}{3}\pi-\frac{1}{2}\pi=\boldsymbol{\frac{1}{6}\pi} \quad \text{答}$$

Point

▶ 接線の傾き

$y=f(x)$ 上の点 $\mathrm{T}(t,\ f(t))$
における接線が $\mathrm{A}(\alpha,\ \beta)$ を
通るとき,右図の直角三角形
を考えて AT の傾き $=f'(t)$

つまり,$\dfrac{f(t)-\beta}{t-\alpha}=f'(t)$ を

用いると容易に T の座標を
求めることができる。

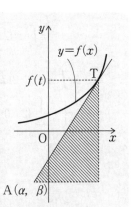

放物線 $y=x^2-4x+4$ と x 軸，y 軸で囲まれる図形を D とする。D の面積および，D を y 軸のまわりに1回転してできる回転体の体積を求めよ。

解答目安時間 4分　　難易度 ▶▶▷▷

解 答

$y=x^2-4x+4=(x-2)^2$ であるので，右図より D の面積は

$$\int_0^2 y\,dx=\int_0^2 (x-2)^2\,dx$$

$$=\left[\frac{1}{3}(x-2)^3\right]_0^2=\frac{8}{3} \quad 答$$

求める体積は

$$\int_0^4 \pi x^2\,dy=\pi\int_2^0 x^2\frac{dy}{dx}\,dx \begin{pmatrix} y:0\to4 \\ x:2\to0 \end{pmatrix}$$

$$=\pi\int_2^0 x^2(2x-4)\,dx \begin{pmatrix} y=x^2-4x+4\,\mathcal{O} \\ \dfrac{dy}{dx}=y'=2x-4 \end{pmatrix}$$

$$=-2\pi\int_0^2 x^2(x-2)\,dx \begin{pmatrix} \displaystyle\int_\alpha^\beta (x-\alpha)^2(x-\beta)\,dx \\ =-\dfrac{1}{12}(\beta-\alpha)^4 \end{pmatrix}$$

$$=-2\pi\left\{-\frac{1}{12}(2-0)^4\right\}$$

$$=\frac{8}{3}\pi \quad 答$$

別解

$y=(x-2)^2$ より，　$x-2=\pm\sqrt{y}$

$\iff$　$x=2\pm\sqrt{y}$

左ページ図より，$x=2-\sqrt{y}$ を y 軸のまわりに回転して
できる体積であるから，

$$\int_0^4 \pi x^2 dy = \pi\int_0^4 (2-\sqrt{y})^2 dy$$

$$= \pi\int_0^4 (4-4\sqrt{y}+y)dy$$

$$= \pi\left[4y-\frac{8}{3}y^{\frac{3}{2}}+\frac{1}{2}y^2\right]_0^4$$

$$= \pi\left(16-\frac{8}{3}\cdot 8+8\right)$$

$$= \frac{8}{3}\pi \quad \text{答}$$

Point

▶ y 軸回転体の場合，$y=f(x)$ として

$$V=\int_{f(\alpha)}^{f(\beta)} \pi x^2 dy = \pi\int_\alpha^\beta x^2 \frac{dy}{dx}dx$$
$$\underbrace{}_{y'=f'(x) \text{ のこと}}$$

置換積分をする場合，積分区間の変更に注意。

円 $x^2+y^2=8$ と曲線 $y=\dfrac{3}{x}$ が $x>0$ の領域で交わる点の x 座標を α, β $(\alpha<\beta)$ としたとき, $\beta+\alpha$, $\beta-\alpha$ の値を求めよ。また, この2つの曲線で囲まれた部分を x 軸の周りで回転させてできる立体の体積を求めよ。

解答目安時間 5分　　難易度 ◗◗◗◗◗

解 答

$x^2+y^2=8$ と $y=\dfrac{3}{x}$ を連立して

$$x^2+\left(\dfrac{3}{x}\right)^2=8$$

$$\Longleftrightarrow \quad x^4-8x^2+9=0$$

$$x^2=4\pm\sqrt{7}$$

$$x=\sqrt{4\pm\sqrt{7}} \quad (x>0 \text{ より})$$

$$=\sqrt{\dfrac{8\pm2\sqrt{7}}{2}}$$

$$=\dfrac{\sqrt{7}\pm\sqrt{1}}{\sqrt{2}}=\dfrac{\sqrt{14}\pm\sqrt{2}}{2}$$

よって $\alpha=\dfrac{1}{2}(\sqrt{14}-\sqrt{2})$, $\beta=\dfrac{1}{2}(\sqrt{14}+\sqrt{2})$ であるから

$\boldsymbol{\beta+\alpha=\sqrt{14}}$, $\boldsymbol{\beta-\alpha=\sqrt{2}}$ 答

求める体積 V は, $x^2+y_1{}^2=8$, $y_2=\dfrac{3}{x}$ として

$$\begin{cases} y_1=\cdots \\ y_2=\cdots \end{cases} \text{と明示する}$$

$$V = \int_\alpha^\beta \pi {y_1}^2 dx - \int_\alpha^\beta \pi {y_2}^2 dx \quad \cdots (\text{☆})$$

$$\frac{V}{\pi} = \int_\alpha^\beta \left(8 - x^2 - \frac{9}{x^2}\right) dx$$

$$= \left[8x - \frac{1}{3}x^3 + \frac{9}{x}\right]_\alpha^\beta$$

$$= 8(\beta - \alpha) - \frac{1}{3}(\beta^3 - \alpha^3) + \frac{9}{\beta} - \frac{9}{\alpha}$$

$$= (\beta - \alpha)\left\{8 - \frac{1}{3}(\beta^2 + \beta\alpha + \alpha^2) - 9\frac{1}{\alpha\beta}\right\} \cdots (*)$$

ここで、$\beta - \alpha = \sqrt{2}$、$\beta + \alpha = \sqrt{14}$、$\alpha\beta = 3$ を用いて

$$\beta^2 + \beta\alpha + \alpha^2 = (\alpha + \beta)^2 - \alpha\beta = 14 - 3 = 11$$

となるので、（＊）は

$$\frac{V}{\pi} = \sqrt{2}\left(8 - \frac{11}{3} - 9 \cdot \frac{1}{3}\right) = \frac{4}{3}\sqrt{2}$$

$$V = \frac{4\sqrt{2}}{3}\pi \quad \boxed{答}$$

Point
▶ 本問の解答例で y_1、y_2 の区別をしないと☆の部分
 は $V = \int_\alpha^\beta \pi y^2 dx - \int_\alpha^\beta \pi y^2 dx$ となり冷静に読むと
 $V = 0$ となる（？）
 誤解を招かないために y_1、y_2 と明示すること。

質量 m の物体が空気中を垂直に落下するとき，落ち始めてから t 秒後の速度 $v(t)$ は重力加速度を g（一定）として $v(t) = \dfrac{mg}{R}\left(1 - e^{-\frac{R}{m}t}\right)$ で与えられる。ただし R は空気の抵抗を表す正の定数である。

(1) $t \to \infty$ のとき，$v(t)$ の極限を求めよ。

(2) 加速度を $v(t)$ を用いて表せ。

(3) 落ち始めてから T 秒後に落下する距離を求めよ。

解答目安時間 4分　　難易度 ▶▶▷▷▷

解 答

(1) $v(t) = \dfrac{mg}{R}\left(1 - e^{-\frac{R}{m}t}\right)$

$\qquad = \dfrac{mg}{R}\left(1 - \dfrac{1}{e^{\frac{R}{m}t}}\right)$

$e^{\frac{R}{m}t} \to \infty$ より，$v(t) \to \dfrac{\boldsymbol{mg}}{\boldsymbol{R}}$　答

(2) 加速度は $\dfrac{dv(t)}{dt} = v'(t)$

$\qquad\qquad = \dfrac{mg}{R}\left(\dfrac{R}{m}e^{-\frac{R}{m}t}\right)$

$\qquad\qquad = ge^{-\frac{R}{m}t} \quad \cdots ①$

(1)より，$e^{-\frac{R}{m}t} = 1 - \dfrac{R}{mg}v(t)$ なのでこれを①へ代入して

$\dfrac{dv(t)}{dt} = g\left(1 - \dfrac{R}{mg}v(t)\right) = \boldsymbol{g} - \dfrac{\boldsymbol{R}}{\boldsymbol{m}}\boldsymbol{v(t)}$　答

(3) 落下距離 $= \displaystyle\int_0^T v(t)dt$

$$= \int_0^T \frac{mg}{R}\left(1 - e^{-\frac{R}{m}t}\right)dt$$

$$= \frac{mg}{R}\left[t + \frac{m}{R}e^{-\frac{R}{m}t}\right]_0^T$$

$$= \frac{mg}{R}\left(T + \frac{m}{R}e^{-\frac{R}{m}T} - \frac{m}{R}\right)$$

$$= \frac{m^2g}{R^2}\left(\frac{R}{m}T + e^{-\frac{R}{m}T} - 1\right) \quad \text{答}$$

Point
▶ 距離・速度・加速度と微積分のイメージ

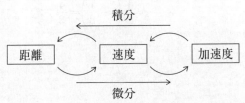

7-25 曲線の長さ・カテナリー

(1) $y = \dfrac{e^x + e^{-x}}{2}$ の $0 \leqq x \leqq \log_e 3$ の部分の長さを求めよ。

(2) $y = \dfrac{e^x + e^{-x}}{2}$ と x 軸，$x = -\log_e 3$，$x = \log_e 3$ で囲まれる図形を x 軸のまわりに回転してできた立体の体積を求めよ。

解答目安時間 5分　　難易度 ◗◗◗▷▷

解 答

(1) $y = \dfrac{e^x + e^{-x}}{2}$ において，$y' = \dfrac{1}{2}(e^x - e^{-x})$

$$1 + (y')^2 = 1 + \left\{ \dfrac{1}{2}(e^x - e^{-x}) \right\}^2$$

$$= \left\{ \dfrac{1}{2}(e^x + e^{-x}) \right\}^2$$

したがって求める曲線の長さは

$$\int_0^{\log_e 3} \sqrt{1 + (y')^2}\, dx = \int_0^{\log_e 3} \dfrac{1}{2}(e^x + e^{-x})\, dx$$

$$= \dfrac{1}{2} \big[e^x - e^{-x} \big]_0^{\log_e 3} \qquad \Big\rangle (e^{\log 3} = 3)$$

$$= \dfrac{1}{2} \left(3 - \dfrac{1}{3} \right) = \dfrac{4}{3} \quad \boxed{答}$$

(2)

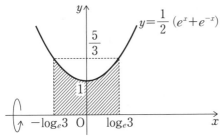

$y=\dfrac{1}{2}(e^x+e^{-x})=f(x)$ とおくと，$f(-x)=f(x)$

であるから $y=f(x)$ は y 軸対称

したがって求める体積を V とすると

$$\dfrac{V}{2}=\int_0^{\log_e 3}\pi y^2 dx$$

$$\dfrac{V}{2\pi}=\int_0^{\log_e 3}\left\{\dfrac{1}{2}(e^x+e^{-x})\right\}^2 dx$$

$$=\dfrac{1}{4}\int_0^{\log_e 3}(e^{2x}+2+e^{-2x})dx$$

$$=\dfrac{1}{4}\left[\dfrac{1}{2}e^{2x}+2x-\dfrac{1}{2}e^{-2x}\right]_0^{\log_e 3}$$

$$=\dfrac{1}{4}\left(\dfrac{9}{2}+2\log 3-\dfrac{1}{18}\right)$$

$$=\dfrac{10}{9}+\dfrac{1}{2}\log 3$$

$$V=\left(\dfrac{\mathbf{20}}{\mathbf{9}}+\mathbf{\log 3}\right)\pi \quad \boxed{答}$$

（注）$f(x)=\dfrac{e^x+e^{-x}}{2}$ について，$f'(x)=\dfrac{e^x-e^{-x}}{2}$

$f^2(x)-f'(x)^2=1$ が成り立つので

$$\int \sqrt{1+f'(x)^2}\,dx=\int \sqrt{f(x)^2}\,dx$$

$$=\int f(x)\,dx$$

となる。

Point

▶ 曲線の長さ

$y=f(x)(\alpha \leqq x \leqq \beta)$ の曲線の長さ L は

$$L=\int_\alpha^\beta \sqrt{1+\{f'(x)\}^2}\,dx$$

▶ カテナリー曲線

$y=\dfrac{e^x+e^{-x}}{2}$ をカテナリー曲線という。

あ と が き

お疲れ様でした！
　最後まで数学エクスプレスにご乗車いただきありがとうございました。
　本書をやり終えたキミにはどんな景色が見えたでしょうか？　そして何が印象に残っていますか？

　気付くこと，発見することは学習にはとても不可欠。
　良いことも悪いことも，**見つけることが学習**でありその効果は絶大です。

　得点力が付くと・・・

面白い ➡ やる気 ➡ 継続

のプラスの循環ができます。

逆に得点力が付かないと・・・

不安 ➡ 面倒 ➡ やらない

のマイナスの循環が起こります。
　どちらがいいかは一目瞭然。

やれば必ずできるのが受験数学

**わかったつもりにならないように，もう1
度トライしてみましょう！**
　きっと新たな発見があるはずです。

　　　　　受験数学インストラクター　湯浅弘一

プロフィール

湯浅　弘一

　東京生まれの東京育ち。

　高校時代に苦手だった数学が予備校の恩師の指導によって得意科目に変わり、東京理科大学理工学部数学科へ進学。

　大学時代に塾の講師を始めたのが、教える仕事に就いたきっかけ。大学受験ラジオ講座、代ゼミサテライン講師を経て、現在は代々木ゼミナール講師、NHK（Eテレ）高校講座監修講師、湘南工科大特任教授、同附属高校教育顧問。テレビ、大学、大学受験予備校など、関東〜福岡にて幅広い世代と地域で教鞭を執る。生徒の観察を最も得意とするやる気を起こす授業を展開。好きな言葉は「笑う門には福来る」。

改訂版
湯浅の数学エクスプレス III・C（平面上の曲線と複素数平面）

著　　者	湯浅　弘一	
発 行 者	高宮英郎	
発 行 所	株式会社日本入試センター　代々木ライブラリー	
	〒 151-0053	
	東京都渋谷区代々木 1-29-1	
D T P	アールジービー株式会社	
印 刷 所	三松堂印刷株式会社　Ⓟ 1	

●この書籍の編集内容および落丁・乱丁についてのお問い合わせは
　下記までお願いいたします
　〒 151-0053 東京都渋谷区代々木 1-38-9
　☎ 03-3370-7409（平日 9:00〜17:00）
　代々木ライブラリー営業部

ISBN 978-4-89346-868-9　　　　　　　　　　　Printed in Japan